ALICE AUERSPERG

DER ERFINDERGEIST DER TIERE

WERKZEUGE, IDEEN UND INNOVATIONEN

Für meine Familie

ALICE AUERSPERG

DER ERFINDERGEIST DER TIERE

WERKZEUGE, IDEEN UND INNOVATIONEN

In Zusammenarbeit mit
Patricia McAllister-Käfer

Brandstätter

INHALT

1

WO KOMMT DAS NEUE HER?

Haben Sie schon einmal von den Keas gehört? Die in Neuseeland beheimateten moosgrünen Bergpapageien verfügen über eine bemerkenswerte Eigenschaft. Papageienvögel gelten schon generell als herausragend intelligent und gelehrig, aber die Keas zeigen noch eine ganz eigene Charaktereigenschaft: Ihnen fehlt jegliche Angst vor neuen Objekten. Einheimische wie Urlaubsreisende haben immer wieder ihre liebe Mühe mit ihnen, weil sie Teile von Ski- oder Wanderausrüstungen stibitzen und Autoteile, etwa Fensterdichtungen und Scheibenwischer, mit ihren Schnäbeln bearbeiten.

Auch unser Wiener Feldforschungs-Team hat schon solche Erfahrungen am anderen Ende der Welt gemacht. Ein Kollege konnte sich beim Beringen eines ersten Keas nicht dagegen wehren, dass ihm währenddessen ein zweiter, der nur Minuten zuvor ebenfalls einen neuen Fußring erhielt, nun sorgfältig seine Schuhbänder aufknotet und entwendet. Bekannt sind Keas leider auch dafür, dass sie Schafe, von denen es in Neuseeland nicht wenige gibt, malträtieren: Hat ein Tier auf dem Rückenfell eine Wunde, so hacken die Papageien diese mit dem Schnabel weiter auf, um an das Körperfett ihres Opfers zu gelangen. Das brachte ihnen zeitweise zu Unrecht einen schlechten Ruf als „fliegende Wölfe der Berge" ein, die entsprechend stark bejagt wurden. Dadurch stehen sie heute als „gefährdet" auf der internationalen Roten Liste.

Am Haidlhof in Niederösterreich, einer Außenstelle der Veterinärmedizinischen Universität Wien, werden etwa 30 Keas in einer 50 Meter langen Voliere gehalten. Weil die Vögel so extrem verspielt, explorativ – also erkundungsfreudig – und erfinderisch sind, gelten sie heute als eine tierische Modellspezies für technische Intelligenz. Diese wird noch von einer zweiten Bedingung begünstigt: Die Keas haben eine Kindheit. In ihrem ersten Lebensjahr genießen die Jungvögel praktisch Narrenfreiheit bei ihren älteren Artgenossen. In ihrem natürlichen

Lebensraum dürfen alle jungen Keas jegliche Futterquelle in Anspruch nehmen, die vorher von erwachsenen Tieren besetzt war. Und mehr noch: Die älteren, zum Teil nicht einmal verwandten Männchen der Gruppe müssen sie auch noch aktiv füttern, indem sie ihnen ihren Kropfinhalt direkt in den Schnabel leeren.

Hat etwa eine Gruppe von Keas eine Wurzel ausgegraben, tolerieren sie es, wenn die Jungtiere zuerst davon fressen. Diese plustern sich dann wie eine kleine Eule auf beeindruckende Größe auf und wackeln mit drohend erhobenen Flügelansätzen und einem knarrenden, langgezogenen „Ehhhhhhh" auf die Futterquelle zu. Diese Vorstellung, ein Display, wie das Verhalten im Fachjargon heißt, mag für Menschen fast herzig wirken. Doch sorgt es dafür, dass erwachsene Tiere sofort das Weite suchen und ihre Futterquelle aufgeben. Der Nachwuchs genießt in dieser Hinsicht eine Extremform von „Welpenschutz".

Keas müssen mit der unvorhersehbaren, kargen und zeitweise eisbedeckten Umwelt, in der sie leben – in Neuseelands Bergen können die Temperaturen extrem schwanken –, umgehen und ständig dahinterher sein, immer wieder neue Futterquellen aufzutun und auszunutzen. Eine gehörige Portion Opportunismus hilft dabei. Sie bauen sich laufend Strategien auf, indem sie ihre Umgebung erforschen. Insbesondere im ersten Lebensjahr, ihrer Kindheit, tun sie das ganz intensiv. Als ich vor vielen Jahren für meine Doktorarbeit mit Keas arbeitete, konnte ich in der Praxis feststellen, was ich in der Theorie schon wusste: Der erfinderische Erfolg der Tiere rührt daher, dass sie Umweltbedingungen erproben, wahrnehmen und nutzen lernen. Und zwar mit einem spielerischen Ansatz, denn sie gehen forsch auf neue Objekte zu und probieren allerhand unterschiedliche Dinge aus, die sich damit anstellen lassen.

In der Tierwelt gibt es eine Menge Erfindergeist. Noch vor ein paar Jahrzehnten ist er uns kaum aufgefallen –

unser Blick hat sich verändert, wir sind aufmerksamer dafür geworden. Die noch recht junge Disziplin der Kognitionsbiologie erforscht unter anderem diese Phänomene. Während die Sicht von Tieren als „Automaten" weltweit noch nicht ganz überwunden zu sein scheint, schauen wir uns heute doch so einiges von ihnen ab. Die Bionik wendet Problemlösungen aus der Natur auf menschliches Design, Technik oder Medizin an.

Wir wollen in diesem Buch aber auch einen Blick auf das Gesamtbild werfen. Was lässt sich jenseits einzelner wissenschaftlicher Disziplinen von Tieren für den Prozess des Entstehens von Neuem, von Innovationen, von Erfindungen lernen? Wie erfinden Tiere und welche Voraussetzungen müssen sie dafür aufweisen? Wie hängt das Erfinden der Tiere mit ihrem Spiel- und Explorationsverhalten zusammen? Und warum hat es häufig mit Essen zu tun? In diesem Buch werden Sie erfahren, was es mit dem Einweichen von Zwieback unter Zuhilfenahme einer Stoppuhr auf sich hat, wie die Krähe Betty mit einer spontanen Testreaktion den Spieß zwischen Mensch und Tier umdrehte, in welchen Aufgaben Vögel Menschenkindern haushoch überlegen sind und warum Kakadus manchmal mit Besteck essen.

WASCHBÄREN UND EINE GALAPAGOS-REISE

Auch meine Geschichte als Kognitionsbiologin beginnt in meiner Kindheit, in der ich – auch dank meiner tierlieben Eltern – viel ausprobieren durfte. Ich glaube, man bekommt selbstverständlicher eine besondere Verbindung zur Biologie, also zur Wissenschaft vom Leben, wenn man als Kind in Wäldern herumkriechen, in Bächen und Teichen spielen und Insekten beobachten darf. So ein Kind war ich auch. Meine Schwester – sie ist ebenfalls Verhaltensforscherin geworden – und ich haben uns sehr für die Welt draußen interessiert.

Immer wieder haben wir Tiere aufgenommen und aufgepäppelt. Wie erfinderisch speziell opportunistische Tiere sein können, lernte ich bei diesen Erfahrungen besonders, als ich während meines Studiums helfen konnte, zwei junge Waschbären aufzuziehen, deren Mutter ums Leben gekommen war. Gefüttert wurden die Welpen mit Milchpulver, dem am Anfang ein wenig Honig beigefügt war, damit es angenommen wurde. Da ich leider nur eine Flasche halten konnte, gab es jedes Mal ein großes Gerangel, was zwangsläufig in einer ziemlich klebrigen Sauerei endete. Junge Waschbären, so musste ich feststellen, sind unglaublich geschickt mit ihren kleinen Händen – sie haben fünf „Finger" wie wir –, und eben auch darin, dem Bruder den Sauger wegzureißen und ihn sich selbst laut schmatzend in den Mund zu stopfen.

Dass dabei sowohl meine Kleider als auch das Bärenfell und die gesamte Umgebung mit klebriger Milch bespritzt wurde, schien die beiden nicht zu stören. Auch im Stehen zu füttern half nicht, da der zweite Waschbär sofort lernte, mein Hosenbein wie einen Baumstumpf hinaufzukraxeln, um seinen Bruder unwirsch an der Schnauze zu packen und die Flasche wieder an sich zu reißen. Am Ende musste ich selbst erfinderisch werden und mich zur einzelnen, gesitteteren Fütterung in eine leere Badewanne legen – ihr Rand war rutschig genug, um nicht von dem anderen Waschbärkind gekapert zu werden.

Als sie größer wurden, wussten die Kerlchen nicht nur genau, welche Nahrungsmittel wo in der Küche gelagert wurden, sondern auch, mit welchen Handgriffen sich die jeweiligen Schränke in Sekundenschnelle öffnen lassen, wenn unsereiner gerade nicht hinsieht. Auf jeden Fall waren für einen erfolgreichen Beutezug viele Dinge zugleich zu beachten! Einer der Waschbären hatte zudem gelernt, wie sich eine Saftflasche mit einer reibenden Bewegung zwischen zwei Händen aufschrauben lässt und wie man auf drei Beinen davonlaufen kann, sodass das eroberte Ei, das man sich sorgsam unter die Ach-

Die Waschbärenjungen spielten auch gerne mit den
um einige Wochen jüngeren Hundewelpen.

sel geklemmt hat, dabei nicht kaputtgeht. Den beiden war selbstverständlich alles verziehen, wenn sie sich mit nach oben gestreckten Händchen und laut schnurrend erschöpft auf dem Schoß ausruhten.

Geprägt haben mich nicht nur diese und andere tierische Erfahrungen, sondern auch die Bücher von Verhaltensforschern wie Jane Goodall, Karl von Frisch, Konrad Lorenz oder auch Irenäus Eibl-Eibesfeldt, der in unserer Nähe wohnte und immer wieder einmal zu Besuch kam. Dabei wurden ihm diverse tierische Mitbewohner wie gerettete Amseln oder zahme Gänse vorgestellt, an denen er ein geradezu kindliches Interesse zeigte und zu denen er Fragen stellte, die in mir ein gewisses wissenschaftliches Denken weckten. Nicht zu zu vergessen die zusammen mit meinen Eltern unternommene Reise auf die Galapagos-Inseln, deren Tier- und Pflanzenwelt mich enorm beeindruckte. Noch heute nehme ich manchmal das Notizbuch zur Hand, das ich damals als 15-Jährige dabeihatte.

Und da gab es noch, last but not least, meinen Biologielehrer, Dr. Johannes Schmidt, den am Rhabanus-Maurus-Gymnasium St. Ottilien in Oberbayern alle nur den „Doc" nannten. Lange bevor man ihn im Schulgang sehen konnte, hörte man ihn bereits mit seinem Schlüsselbund klimpern. Seinen Doktor hatte er bei Karl von Frisch gemacht, der für seine Entdeckung des Bienen-Schwänzeltanzes 1973 gemeinsam mit Konrad Lorenz und Nikolaas Tinbergen den Nobelpreis erhalten hatte.

Unser Doc baute in eines der Klassenzimmer ein Fenster ein, durch das wir einen Bienenstock beobachten konnten. Die Bienen hatte er so markiert, dass auch wir die Tanzsprache der Tiere erkennen konnten. Der Tanz ist kein Selbstzweck: Bienen können durch ihre Tanzrichtung und Bewegungen ihren Artgenossen die genaue Lage einer Honigquelle mitteilen. Der Doc war einer von diesen Lehrpersonen, die zwar keine Autorität, dafür aber ungespielte wissenschaftliche Begeisterung für ihr Feld ausstrahlten. Ergebnis war, dass in seinem Unterricht etwa ein Drittel der Klasse wie gebannt an seinen Lippen hing, während der Rest unbekümmert Karten spielte oder Sticker tauschte (damals groß in Mode). Er zog gemeinsam mit uns zwei kleine Drosseln auf, die er im Schulhof fütterte, und hatte eine Laufente namens Kasperle, die ihm eine Zeit lang hinterherwatschelte, selbstverständlich auch in der Schule. Dort hatte er auch ein Labor, in dem jene Kinder, die sich magisch von dem Thema Biologie angezogen fühlten, jede Pause verbrachten, um ihm zuzusehen. Viele von uns haben die Biologie später selbst zum Beruf gemacht.

VOM KEA ZUM KAKADU

Es ist nach dieser Vorgeschichte wahrscheinlich nicht allzu verwunderlich, dass ich in weiterer Folge Biologie studierte, und zwar in Wien und Edinburgh. In Wien hörte ich unter anderem Vorlesungen des Rabenforschers Thomas Bugnyar und des Vergleichenden Kognitionsforschers Ludwig Huber und begann, mich für Kognitionsbiologie zu interessieren. In Edinburgh absolvierte ich ein Projekt unter der Leitung der Verhaltensforscherin Sue Healy, und mein Interesse verfestigte sich. Nach meiner Rückkehr begann ich in Wien mit meiner Doktorarbeit mit Ludwig Huber als Doktorvater. Als Forschungsobjekte wählte ich die Keas, die in dieser Zeit vom Konrad-Lorenz-Institut am Willhelminenberg an die Forschungsstation Gut Haidlhof nahe Bad Vöslau umgesiedelt wurden.

An beiden Orten gab es großzügige Freiflugvolieren mit Experiment-Kompartments, wo wir die Vögel getrennt testen konnten. Dies ist nötig, um zu verhindern, dass sie nur durch Zusehen voneinander lernen, wie eine Aufgabe funktioniert. Jedoch waren die neugierigen Tiere immer ausgesprochen motiviert, bei so vielen Tests wie möglich mitzumachen. Testete man sie stets in derselben Reihenfolge, wartete der richtige Vogel schon vor der Tür des Kompartments, bevor man sie öffnete, und man konnte einen Kea nach dem anderen problemlos für Kognitionsexperimente hineinschleusen.

In einem der ersten Experimente, die ich mit den Keas für meine Doktorarbeit durchführte, spielten Spaghetti eine Rolle. Ich hatte beobachtet, dass die Keas im Spiel oft ein Ding in ein anderes hineinstecken, etwa unterschiedlich große Sandspielzeuge kombinieren und damit herumspielen, als scheinen sie auszuprobieren, was für einen Effekt die beiden Objekte aufeinander haben. Ich versuchte, den Explorationsdrang noch anzustacheln: Zuerst legte ich ein Stück Reiswaffel für sie unerreichbar in die Mitte eines transparenten Rohres. Das Pro-

Zwei Keas am Haidlhof beim Spiel mit einem Seil.

blem hatten die Vögel schnell gelöst: Sie hoben das Rohr einfach an einer Seite hoch, die Belohnung rutschte heraus. Wenn ich eine Öffnung des Rohres mit einem Stopper verschloss, hoben sie das Rohr dort an und gelangten trotzdem an das Futter.

Im nächsten Schritt legte ich die Reiswaffel nicht nur einfach in die Röhre, sondern spießte sie mit einer Spaghetti-Nudel auf, welche durch zwei kleine Löcher passte, die ich oben und unten in das Rohr gebohrt hatte. Damit verkeilte ich die Waffel in der Mitte der Röhre und schon war sie nicht mehr einfach nur durch die Schwerkraft verfügbar. Die Keas mussten sich etwas Neues einfallen lassen. Ich stellte ihnen verschiedene Spielzeuge, unter anderem auch schwere Kugeln zur Verfügung.

Und siehe da: Sie hatten rasch entdeckt, dass sie eine der Kugeln auf das Waffel-Nudel-Konstrukt draufkrachen lassen mussten, damit die Belohnung auf der anderen Seite herauskam. Das konnte ich bereits als Instrumentalisierung, also eine Art von einfachem „Werkzeuggebrauch" werten. Unter einem Werkzeug verstehen wir in der Kognitionswissenschaft ein Mittel zum Zweck

Aufnahmen aus dem „Spaghetti-Experiment“: In der Mitte des Rohres liegt das begehrte Stück Reiswaffel, festgehalten von einem Stück Spaghetti. Wenn die Keas eine schwere Kugel durch das Rohr fallen lassen, bricht die Nudel, die Reiswaffel rutscht heraus.

– das Tier darf damit aber nicht einfach zufällig sein Ziel erreichen, sondern es muss, in diesem Fall vom Kea, zielgerichtet eingesetzt werden. Auf die verschiedenen Arten von Werkzeuggebrauch und sogar -herstellung werde ich später noch eingehen.

Ich war fasziniert von der Spezies der Keas und überzeugt von ihrer Besonderheit, die sich durch die Abgeschlossenheit der neuseeländischen Südinsel und die Kargheit ihres Lebensraumes entwickelt haben mochte. Doch dann hörte ich einen Vortrag über die sogenannte „Trap Tube“, eine andere Kognitionstest-Apparatur. Es handelt sich dabei um eine Röhre (engl. tube), die an ihrer Oberseite einen Schlitz und innen mittig eine Vertiefung aufweist, die Falle (engl. trap). Wird eine Belohnung in dieser Röhre positioniert, muss das getestete Tier mit der Schnabelspitze sie über den Schlitz durch die Röhre in die richtige Richtung hinausschieben. Wenn sie in die falsche Richtung geschoben wird, landet sie in der Falle auf der Unterseite der Röhre und ist damit unerreichbar.

Unter den getesteten Arten, die in dem Vortrag vorgestellt wurden, war auch ein Kakadu, und der hatte einen auffällig anderen und innovativen Zugang zum Futter gefunden: In den Schlitz, in den er eigentlich seinen Schnabel hätte stecken sollen, um damit die Belohnung hinauszubugsieren, steckte er seinen Fuß, schnappte sich damit wie ein Greifautomat das Stück Futter und hob es elegant den Schlitz entlang über die Falle drüber. Das begeisterte mich außerordentlich und ich begann darüber nachzudenken, ob vielleicht bestimmte Kakadu-Arten, ähnlich dem Kea, weitere gute Modellspezies für technische Intelligenz sein könnten. Im ersten Jahrzehnt des Jahrtausends war Kognitionsforschung an Vögeln noch relativ dünn gesät, und in Europa wurden trotz der ähnlichen Gehirngröße eher Krähen als Papageien untersucht.

Über mehrere Jahre machte ich mich in etlichen Gesprächen mit Fachleuten und Zoos darüber schlau, welche Kakadu-Art als besonders verspielt gilt. Aufgrund der Ergebnisse meiner Doktorarbeit war ich davon überzeugt, dass die Natur des Spielverhaltens einen der besten Schlüssel zu technischer Intelligenz darstellt. Am Ende kamen wir auf den kleinen Goffin-Kakadu, der auf den indonesischen Tanimbarinseln beheimatet ist, die zu den Molukken gehören. Obwohl damals noch nicht viel über das Freilandverhalten dieser Tiere bekannt war, zeigte sich bald, dass ihr Spielverhalten derartig vielfältig ist, dass man bei ihrer Beobachtung eher an ein Kleinkind denken muss als an einen Vogel.

Inzwischen haben uns die Tiere allen Grund gegeben anzunehmen, dass das Werkzeugverhalten der Goffins sowohl im Freiland als auch bei Volierenvögeln eines der aufwendigsten der bisher im Tierreich beobachteten ist. Sie kommen in Sachen Erfindungsreichtum in manchen Dingen an die Großen Menschenaffen heran.

Mit einem Erwin-Schrödinger-Stipendium des österreichischen Wissenschaftsfonds in der Tasche war ich nach meiner Doktorarbeit für zwei Jahre Postdoktorandin

Die Datenaufnahme in der Voliere am Goffin-Lab läuft nicht immer ganz ungestört ab.

an der Universität Oxford. In dieser Zeit führte ich Vergleichsstudien zwischen Kakadus und Neukaledonischen Krähen durch. Diese Krähen, die auf der südpazifischen Inselgruppe Neukaledonien leben, sind ganz besonders für ihren aufwendigen Werkzeuggebrauch bekannt. Geradezu Berühmtheit erlangte ein Weibchen namens Betty, das in einem Experiment aus einem Stück Draht einen Haken bog, um sich eine Belohnung angeln zu können.

Nach meiner Rückkehr baute ich sukzessive das auf, was heute das Goffin-Lab ist, eine auf die namensgebenden Kakadus spezialisierte Forschungsstelle im niederösterreichischen Goldegg. Das Goffin-Lab fungiert inzwischen als Außenstelle des Messerli Forschungsinstitutes für Mensch-Tier-Beziehung an der Veterinärmedizinischen Universität Wien, welches meine permanente Forschungsheimat geworden ist. Dennoch arbeite ich bis heute auch mit anderen Arten weiter, immer wieder etwa mit ver-

Das Team des Goffin-Labs im
Außenbereich der Voliere.

schiedenen Krähen, Kapuzineraffen und den Großen Menschenaffen, besonders mit Orang-Utans. Unter anderem entwickelten wir eine Multi-Access-Box, um Tieren verschiedene Möglichkeiten für das Problemlösen anzubieten. Mehr dazu später.

Ein neuer Experimentansatz ist eine Art Innovation. Denn bei uns läuft es ähnlich ab: Wir beobachten die Tiere und plötzlich fällt uns dabei eine Hypothese zu ihrem Verhalten ein. Eine Gelegenheit ergibt sich, die einen Benefit hat: Für die Tiere heißt das beispielsweise, sie gelangen an Futter, für uns, dass wir eine Idee haben für ein experimentelles Design, um an Daten zu gelangen. Relevant, um als Innovation durchzugehen, ist, dass sich der Vorgang wiederholen lässt. Einige dieser Erfindungen, also Designs für Experimente, werden auch von anderen Forschenden übernommen – dadurch werden sowohl die Designs als auch die Forschungsergebnisse freilich noch valider.

Die Interaktion mit den Tieren regt nicht nur in der Forschung zu Innovationen an: Gelegentlich dürfen auch

Ein Goffin-Kakadu in Singapur vertieft sich in
das Objektspiel mit einer alten Seemandel.

meine Kinder mit zu den Goffin-Kakadus, an denen ich bis heute häufig forsche. Sie kennen die Vögel nun ihr ganzes Leben und haben einige Spiele mit ihnen erfunden. Zum Beispiel stellen sie sich an eine Wand der großen Außenvoliere und warten, bis alle Kakadus auf ihre Seite geflogen sind. Dann ruft eines meiner Kinder: „Auf die Plätze, fertig, los!“, und alle spurten um das Haus, das den Innenbereich darstellt, herum zur gegenüberliegenden Wand der Voliere. Die Kakadus fliegen auf Kommando mit – und warten auf der anderen Site schon wieder auf die nächste Runde. Ich schaue dem Treiben auch deshalb mit Freude zu, weil nach ein paarmal Hin- und Herlaufen bei Kindern wie Kakadus der gröbste Bewegungsdrang gestillt ist und sie bereit sind, sich auf neue Aufgaben zu konzentrieren.

Bei solchen Mitmach-Spielen beweisen die Goffins ihre soziale Innovationsfähigkeit. Darum wird es in diesem Buch allerdings weniger gehen, mich interessieren in meiner Forschung vor allem ihre technischen Fähigkeiten – was nicht bedeutet, dass sie die nicht ebenfalls

Um an einer Schnur zu schaukeln, hier mit Mark O'Hara, stellen sich die Goffins in Goldegg mittlerweile sogar an.

spielerisch unter Beweis stellen können. Mit Studierenden, die immer wieder mit den Tieren arbeiten, haben sie eine Aktivität „erfunden“, die ein Objekt involviert. Zufällig hat sich einmal ein Kakadu mit dem Schnabel an einer Schnur festgehalten, der Student hob ihn damit auf und ließ ihn – wie auf einer Schaukel – hin- und herschwingen. Mittlerweile stellen sich die Vögel, sobald wir in ihrer Gegenwart mit Schnüren oder Bändern hantieren, in einer Reihe an, um auch mal schaukeln zu dürfen. Kaum ist der eine richtig am Schwingen, hat der nächste schon das Köpfchen in Erwartung des Schnürchens mit gespannt geöffnetem Schnabel nach oben gestreckt, um es zu fassen.

Die studentischen Mitarbeitenden bereite ich auf ihre Arbeit mit den Kakadus gerne mit dem Hinweis vor, dass sie es mit einer Kindergartengruppe mit Propellern am Rücken und Zangen an den Händen zu tun kriegen. Das meine ich nur halb im Spaß: Wer zum ersten Mal in die Voliere zu den Goffins mitkommt, mag von deren Aufdringlichkeit schnell irritiert sein. Es braucht eine gewisse Milde, aber auch Strenge in der Arbeit mit diesen neugierigen Vögeln, um ihnen klarzumachen, dass man nicht an den Haaren gezogen werden will oder sie sich den mitgebrachten Bleistift nicht stibitzen sollen.

Zwar kann man sich im Umgang mit ihnen nicht auf einen Machtkampf einlassen, der nicht zu gewinnen ist. Aber wenn keine Grenzen gesetzt sind, wird das unweigerlich zum Problem. Denn die Goffins sind gewieft. Haben wir etwa einen lauen Abend in Goldegg und die Tiere möchten deshalb noch in der Außenvoliere bleiben und nicht für die Nacht in ihr Haus hereingelockt werden, nehmen sie die Einladung, auf die Schulter zu kommen, selten an, obwohl sie sich sonst ständig und am liebsten auf Menschen setzen. Stattdessen fliegen sie nur gelegentlich auf und klammern sich ganz kurz an die Stelle genau zwischen unseren Schulterblättern, die wir mit unseren Händen besonders schlecht erreichen können. Dann fliegen sie wieder auf einen Ast in fünf Meter Höhe und schauen einen schräg an, bevor dasselbe Spiel wiederholt wird. Das könnte man fast schon in Richtung Necken, im verhaltensbiologischen Fachjargon auf Englisch auch teasing genannt, interpretieren, wobei wir dieses Verhalten natürlich erst noch genauer untersuchen müssen.

WANN IST ETWAS NEUES „INNOVATIV"?

Es ist ein elf Sekunden langes Video, das auch auf YouTube zu sehen ist: Hauptdarsteller ist ein Puffin, ein nordatlantischer Meeresvogel mit buntem Schnabel und auffälliger, weiß-schwarzer Gesichtszeichnung. Der Papageientaucher, wie er auch genannt wird, hat soeben ein Stöckchen gefunden, nimmt es in seinen Schnabel, macht ein paar fast rituelle Schrittchen – und tut dann etwas, das aussieht, als würde der Vogel sich mit diesem Stöckchen für etwa eine Sekunde an der Brust kratzen. Britische und isländische Forschende folgerten aus dieser Aufnahme, die in einer (unter ihrer wissenschaftlichen Beobachtung stehenden) Kolonie auf Island gemacht wurde, dass Puffins Werkzeuge verwenden.

Sie publizierten ihre Erkenntnis 2019 in der angesehenen Fachzeitschrift PNAS. Die Veröffentlichung rief einen regelrechten Presserummel hervor. Zahlreiche Schlussfolgerungen, mitunter gewichtige Aussagen, machten die Runde, wie zum Beispiel, dass die Intelligenz von Seevögeln generell unterschätzt werde und wohl vergleichbar mit der von Krähen und Papageien sein könnte. Gegenteilige Deutungen hingegen meinten, dass das spontane Erfinden von Werkzeugen im Tierreich keinen hohen geistigen Aufwand erfordern dürfte.

Doch Vorsicht: Bei Anekdoten wie dieser handelt es sich in unserem Feld um eine oder wenige Beobachtungen von tierischem Verhalten, die noch nicht durch regelmäßige Wiederholung bestätigt oder experimentell untersucht werden konnten. Solche Fälle sind zwar ausgesprochen wichtig, um testbare Ideen zu bilden, sie sind aber trotzdem mit einem gewissen Maß an Vorsicht zu genießen. Gerade die Wiederholbarkeit (oder: das Wieder-Hervorrufen) einer Aktivität ist – wie insgesamt im seriösen wissenschaftlichen Betrieb – eine unbedingte Voraussetzung, um ein Verhalten als „innovativ" einstufen zu können.

Im Fall des Puffins zeigt das Tier bei der Aufnahme des Stöckchens stereotype, das heißt für dieses Nistverhalten typische Schreitbewegungen. Es ist also nicht ausgeschlossen, dass das Stöckchen als mögliches Nistmaterial aufgenommen wurde; es könnte sein, dass das Tier sich einfach kratzen wollte – wie üblich, mit dem Schnabel – und kurz darauf vergessen hat, dass im Schnabel noch das Stöckchen steckt. Es gibt also mehrere andere Erklärungsmöglichkeiten für den vermeintlichen Werkzeuggebrauch.

Damit sind wir bei der Frage: Was ist eigentlich Innovation? Wo ziehen wir zu anderen „kreativen" oder erfinderisch wirkenden Verhaltensweisen die Grenze?

Im Prinzip handelt es sich bei Innovation um ein neues Verhalten. Dieses kann zum Lösen von Problemen sowohl im sozialen als auch im technischen Bereich dienen. Man muss also nicht immer etwas Technisches erfinden, man kann auch zum Beispiel eine andere Person auf eine neue Art manipulieren oder durch einen neuen Gesang beeindrucken. Jedenfalls gilt für eine Innovation: Entweder wird ein neues Problem gelöst oder aber ein altes Problem wird auf eine neue Art gelöst. Um erkennen zu können, ob dieses Verhalten wirklich innovativ ist, sind ein paar Kriterien zu beachten.

Erstens muss man als Forschende natürlich das Verhaltensrepertoire einer Tierart kennen – vielleicht gehen die Tiere schon lange so vor, bloß mir ist diese Verhaltensweise neu? Für jede Tierart gibt es in der Verhaltensbiologie sogenannte „Ethogramme", einen jeweiligen Katalog für die typischen Verhaltensweisen einer Art, mit denen man vertraut sein sollte. Zweitens besteht, wie bei dem Puffin-Beispiel, die Gefahr, anekdotisch-zufälliges Verhalten mit echten Innovationen zu verwechseln. Innovation passiert, wenn ein Tier eine Gelegenheit in der Umwelt entdeckt, die ihm etwas nützt. Dass das Tier diesen Nutzen oder „Benefit" erkannt hat, lässt sich nur durch die regelmäßige Wiederholung des Verhaltens beweisen.

Dieser wichtige Schritt fehlt aus meiner Sicht bei unserem jetzigen Wissen über Werkzeuggebrauch beim Puffin. Welchen Nutzen sollte er daraus ziehen, sich mit dem Stöckchen an der Brust zu kratzen, wo er an diese auch mit dem Schnabel hinkommt? Wenn dieser Puffin im Speziellen oder Puffins insgesamt in der Zukunft ähnliches Verhalten zeigen und sie dabei zum Beispiel gezielt Stellen am Körper anvisieren, die sie sonst mit dem Schnabel nicht erreichen können, wenn es sich um Körperstellen handelt, die beispielsweise aufgrund einer abheilenden Verletzung besonders jucken, oder wenn sie dieses Verhalten nachweislich öfter zeigen, wären das für mich Beobachtungen, die in die richtige Richtung weisen, um eine ernsthafte Diskussion zu diesem Thema zu führen.

Genau das beschreibt das dritte Kriterium neben der Neuheit und dem Nutzen des Verhaltens, um etwas als Innovation bezeichnen zu können. Und das ist das kniffligste Kriterium für uns als Forschende: Wir müssen es schaffen, das innovative Verhalten vom existierenden Verhalten zu unterscheiden und es entsprechend dokumentieren.

Beinahe live miterleben lässt sich das derzeit in Australien, genauer gesagt in Sydney. Dort gibt es eine große freilebende Population von großen Gelbhaubenkakadus. Die Verhaltensökologinnen Lucy Aplin und Barbara Klump (mittlerweile eine Kollegin in der selben Stadt, an der Universität Wien) haben die Tiere über Jahre beobachtet und markiert. Dabei kamen sie durch Zufall darauf, dass einige Tiere begonnen hatten, die Mülltonnen in der australischen Metropole zu plündern.

Bei all dem Abfall, den sie dabei auf der Straße verteilen: Aus Sicht der Wissenschaft ist das eine beachtliche kognitive Leistung. Denn die Kakadus müssen kapieren, dass sie nicht auf dem Deckel der Tonne stehen dürfen, wenn sie die Mülltonne aufkriegen wollen – dieses Verständnis ist übrigens auch in einem anderen Kontext ein Test dafür, ob Tiere ein eigenes Körperbewusstsein haben. Wenn sie es schaffen, den Deckel zu öffnen, müssen sie außerdem daraufkommen, dass dieser sofort wieder zuklappt, wenn man ihn beim Anblick des köstlichen Inhalts loslässt. Manche Kakadus stehen deshalb im Spagat zwischen Tonnenrand und Deckel; andere stecken den Schnabel unter den Rand des geschlossenen Deckels und fädeln ihn durch, während sie selbst am Rand entlanglaufen, um den Deckel dann, am Ende angelangt, ganz nach hinten aufzuklappen.

Ähnliches „schädliches" Verhalten von Vögeln kennen wir übrigens aus Großbritannien in den frühen 1900-er

Jahren. Damals kam dort noch täglich der Milchmann und stellte die mit Alufolie verschlossenen Flaschen morgens vor die Haustür. Findige Blaumeisen entdeckten, dass die Folie sich leicht mit dem Schnabel aufhacken lässt und der Rahm, der sich unter dem Flaschenrand angesammelt hat, sehr gut schmeckt. In den 1950-er Jahren schien die gesamte britische Blaumeisenpopulation voneinander gelernt zu haben, wie man Milchflaschen öffnet. Interessanterweise wurde dasselbe Verhalten auch immer wieder bei Rotkehlchen beobachtet. Da Rotkehlchen allerdings territorialer sind als Blaumeisen und nicht immer zulassen, dass ihnen Artgenossen zusehen, breitete es sich in diesem Fall nicht weiter aus. Die nützliche Anpassung konnte also nicht an die gesamte Artgemeinschaft weitergegeben werden.

Wie aber kann man nun feststellen, ob ein Verhalten neu und demnach innovativ ist? Eine Möglichkeit ist, nach Verhalten zu suchen, das nur von einzelnen Tieren gezeigt wird und noch nicht in der gesamten Population vorhanden, sondern gerade im Prozess der Ausbreitung ist. Andere Tiere beobachten die Innovation und geben sie innerhalb ihrer jeweiligen Populationen an andere Gruppenmitglieder (horizontal) oder an ihren Nachwuchs (vertikal) weiter. Das Vorgehen kann gänzlich von anderen Individuen übernommen werden, dann sprechen wir von „Imitation", oder der Beobachter kopiert die Handlungen nicht, lernt jedoch etwas über den Effekt, welches das Verhalten eines andern Tieres auf seine Umgebung hat, das nennen wir „Emulation". In welche Richtung, in welchem Grad und in welcher Reichweite das passiert, das sehen sich im Moment die Verhaltensökologinnen Klump und Aplin an.

In Sydney haben sie dazu auf die sogenannte „Bürgerwissenschaft" oder „Bürgerforschung" (Citizen Science) zurückgegriffen, das heißt, sie haben die Bevölkerung um Mithilfe gebeten. Durch breit angelegte Online-Umfragen der Einwohnerschaft mit Fragen wie „Haben Sie dieses Verhalten schon einmal gesehen und wenn ja,

In Sydney hat eine freilebende Population von Gelbhaubenkakadus begonnen, Mülltonnen zu plündern...

wo?" konnten die Forschenden die Ausbreitung des Verhaltens der Kakadus über zahlreiche Bezirke der Stadt über mehrere Jahre mitverfolgen. Dabei zeigte sich unter anderem, dass sich das Mülltonnen-Öffnen schneller innerhalb von Nachbarschaften verbreitete als zwischen entfernt gelegenen Bezirken – was bewies, dass es nicht einfach zufällig an verschiedenen Orten immer wieder neu auftauchte.

Während die Menschen in Australien nicht unwillig waren, den Forschenden zu helfen, galt es andererseits auch, die randalierenden Vögel in ihre Schranken zu weisen. Die Menschen hatten daher begonnen, Vorkehrungen zu treffen, beschwerten die Deckel der Mülltonnen oder legten Schlangenattrappen darauf. Ähnlich wie bei den Kakadus breiteten sich auch bei den Menschen bestimmte Techniken, um die Mülltonnen zu schützen, scheinbar über „soziales Lernen" über ganze Nachbarschaften der Stadt aus. Was meist nur kurzfristig half, wie die Forschenden in einem weiteren Citizen-Science-Projekt herausfanden: „Eine Zeit lang schienen die Ziegelsteine zu funktionieren, aber die Cockies (Abkürzung für engl. cockatoo, Kakadu) wurden zu clever", kommentierte etwa ein Anwohner. Im Moment scheint ein regelrechtes „Wettrüsten" zwischen der Bevölkerung von Sydney und den erfinderischen Kakadus stattzufinden.

... was auch die Menschen erfinderisch werden lässt – doch die meisten Versuche, das Öffnen der Mülltonnen zu verhindern, werden von den cleveren Vögeln schnell überlistet.

Auf der anderen Seite der Erdkugel, in Großbritannien, trainierte Lucy Aplin einige Jahre zuvor Meisen im Labor darauf, Futter aus unterschiedlichen Automaten herauszuholen. Die Tiere wurden dann im Naturschutzgebiet Wytham Woods in der Nähe von Oxford wieder ins Freie entlassen. In dem Wald wurden Futterautomaten aufgehängt, die denen im Labor entsprachen, und die Forschenden konnten nun beobachten, wie rasch sich das neue Verhalten unter den alteingesessenen Meisen ausbreitete. An solchen Beispielen lässt sich die Verbreitung von Innovationen studieren: Auch wenn man den Auslöser einer Erfindung nicht immer nachvollziehen kann, ist der Prozess der Verbreitung eines Verhaltens innerhalb einer Population ein Hinweis darauf, dass es sich um eine Innovation handelt.

Was in der Natur schwierig nachzuvollziehen ist, ist nämlich dieser eigentliche Moment des Erfindens, das sogenannte Innovationsereignis. Denn leider ist es im Regelfall nicht so, dass genau in dem Moment, wo der allererste Kakadu eine Mülltonne öffnet oder die allererste Meise aus der Milchflasche trinkt, zufällig glückliche Forschende anwesend sind – am besten noch mit Fernglas und Kamera, um das Ganze eifrig aufzuzeichnen.

Einige andere, unter anderem auch ich selbst, versuchen in der Forschung den Moment des Entstehens einer Innovation sogar zu „erzeugen", indem wir Tiere in Experimenten vor ein neues, von uns geschaffenes Problem stellen. Weil die Tiere dieses Problem noch nicht kennen, können wir uns sicher sein, dass es sich nur durch Innovation lösen lässt.

In diese faszinierende Welt der Gedanken- und tatsächlichen Experimente will ich Sie in diesem Buch mitnehmen, immer der Frage auf der Spur: Wie kommt das Neue in die Welt? Was brauchen andere Tiere, um kreativ und innovativ arbeiten zu können?

Und wir Menschen? Wieso haben wir Werkzeuge wie das iPhone und nicht bloß Stöckchen? Wir sind schließlich auch Große Menschenaffen und haben viel mit unseren tierischen Verwandten gemeinsam, wenngleich wir eine um einiges komplexere Sozialstruktur und Technologie entwickelt haben. Die große Frage ist allerdings: Wie kam es zu diesem Sprung? Der Unterschied scheint zu sein, dass wir eine kumulative Kultur der Innovation haben. Das heißt: Wir verbessern unsere Erfindungen über Generationen stetig weiter. Nicht nur vom iPhone kommt jedes Jahr eine neue Version auf den Markt.

Solche kumulativen Innovationen kennen wir im Tierreich nur in einer kleinen Grauzone, etwa bei den bereits erwähnten Neukaledonischen Krähen. Sie formen aus den schmalen, steifen Blättern der Schraubenpalme (Pandanus) Werkzeuge, um damit Futter aus Astlöchern zu stochern. Die sind teils so ausgefeilt und regional derart unterschiedlich komplex, dass Forschende vermuten, dass auch hier Krähen auf die Innovationen anderer Krähen aufgesetzt haben. Lassen wir uns nun gemeinsam vom Erfindergeist der Tiere überraschen!

2

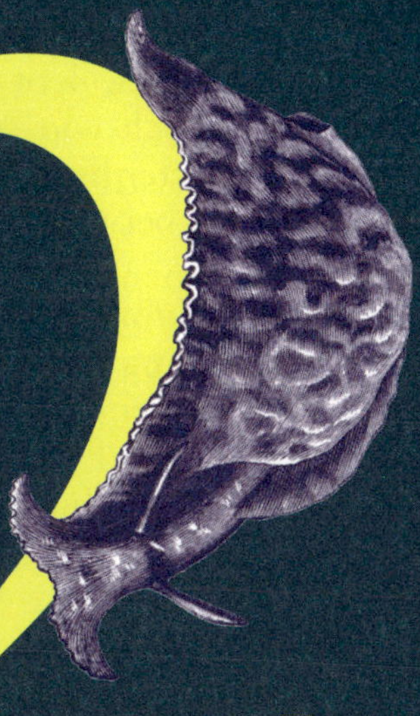

WOZU ÜBERHAUPT INTELLIGENZ?

Ein Seehase hat mutmaßlich kein schlechtes Leben. Die Meeresschnecke, mit wissenschaftlichem Namen Aplysia, lebt am Meeresboden, ernährt sich vegetarisch von Algen und Tang und kann – ähnlich einem Tintenfisch – eine violette Tintenwolke erzeugen, um sich bei Gefahr unbemerkt aus dem Staub zu machen.

Die *Aplysia californica* ist keine Unbekannte in der Wissenschaft. An ihr konnte gezeigt werden, dass und wie Lernen selbst bei sehr einfachen Weichtieren möglich ist – übrigens vom Exil-Österreicher Eric Kandel, der für seine Aplysia-Forschungen den Nobelpreis gewann. Dass die Aplysia zum Forschungsobjekt wurde, ist nicht verwunderlich: Ihr Nervensystem ist sehr einfach gebaut und vor allem derart groß (die Schnecke kann bis zu zwei Kilogramm auf die Waage bringen), dass sich an ihr neuronale Vorgänge teils auch ohne Mikroskop untersuchen lassen.

Kandel wies nach, dass auch die so einfachen Seehasen sich konditionieren lassen. Das heißt, sie sind zum Lernen fähig: Je öfter bei ihnen durch eine Berührung an einer bestimmten Stelle der Kiemenrückziehreflex ausgelöst wurde (um die lebenswichtigen Atmungsorgane vor einem möglicherweise bevorstehenden Angriff zu schützen), desto eher blieb dieser Reflex aus. Der Seehase hatte gelernt, dass nichts Gefährliches passiert, wenn er berührt wird.

Diese Fähigkeit zum Lernen lässt sich wohl als die Basis von Intelligenz vorstellen. Dabei hat der Seehase nicht einmal ein Gehirn in unserem Sinn. Man kann also auch als hirnloser Organismus ein gutes Leben führen, das rein auf Reflexen beruht.

Warum lohnt es sich dennoch, in ein Gehirn zu investieren? Immerhin benötigt etwa das menschliche Gehirn 21 Prozent der unserem Körper zur Verfügung stehenden Energie, beim Schimpansen sind es noch rund zehn Prozent. Nun, jede Tierart besetzt in ihrer Umwelt eine ökologische Nische, innerhalb derer sie sich bewegt. Und je zuverlässiger und spezialisierter ein Tier in dieser Nische „von der Natur“ versorgt wird – beim Seehasen vom Grünzeug am Meeresboden –, desto weniger braucht es ein leistungsfähiges Zentralnervensystem. Um sich an diese Nische ideal anzupassen, haben viele Tierarten unterschiedliche Eigenheiten in ihrem Verhalten und ihrer Anatomie entwickelt.

Da sind zum Beispiel die Koalas. Sie fressen ausschließlich Blätter und sind spezialisiert auf bestimmte Eukalyptus-Arten. Um ein energiesparendes Baumleben zu ermöglichen, haben sie scharfe, kurvige Krallen, ihr Körper ist muskulös und ihre Oberarme sind verlängert. Zudem sind ihre Zähne und ihr Verdauungssystem auf eine fasrige Pflanzendiät angepasst. Und sie schlafen ungewöhnlich viel. Der Koala hat in seinem Eukalyptusbaum alles, was er braucht, sein Leben ist nicht besonders komplex. Eine weitere Sparmaßnahme scheint sich also geradezu anzubieten: sein – für ein Beuteltier seiner Größe – ausgesprochen kleines Gehirn, das nicht einmal die ganze Schädelhöhle füllt.

Wann und warum aber braucht es ein leistungsfähiges Gehirn, und damit höhere Intelligenz, wenn die uns so viel Energie kostet? Es gibt doch jede Menge Tiere, die über die Jahrmillionen evolutionsbiologisch wahnsinnig erfolgreich waren, auch ganz ohne intelligent zu sein. Ist Intelligenz eigentlich unnötig?

Wenn man Forschende aus unterschiedlichen Disziplinen, die sich mit dem Thema beschäftigen, fragt, was unter Intelligenz eigentlich zu verstehen ist, kann man sich ziemlich sicher sein, dass man selten die gleiche Antwort bekommt. In der biologischen Forschung sind sich die meisten jedoch darüber einig, dass Intelligenz eine gewisse Flexibilität des Geistes bedeutet, welche eine Anpassungsfähigkeit des Körpers erlaubt. Durch Intelligenz können wir und andere Tiere uns an Komplexitäten in unserer Umwelt anpassen. Solange genügend Eukalyptusbäume vorhanden sind, in denen der Koala wohnen und von denen er sich ernähren kann, ist alles bestens. Doch wenn plötzlich der gewohnte Lebensraum, hier die Eukalyptusbäume, verschwindet, kann eine Spezialisierung zum Problem werden und eine Art aussterben.

Unser Gehirn ist also eine Art „Problemlösungsorgan“, das uns hilft, mit unvorhersehbaren Umweltbedingungen (Situationen) umzugehen. Wenn ein Tier ständig mit Veränderungen zu tun hat, dann zahlt sich das hohe Energie-Investment in die neuronale Masse aus, davon ist die Forschung heute überzeugt.

Eine andere Frage ist noch ungeklärt: Was genau sind das für Komplexitäten, für die sich aufwendige Gehirne wie das unsere entwickelt haben? Wie häufig in den Wissenschaften gibt es dazu Hypothesen und Theorien, die sich auf unterschiedliche Sphären beziehen; die prominentesten sind derzeit soziale und die ökologische Intelligenzhypothesen. Früher schlossen sich diese Hypothesen gegenseitig aus, heute betrachten wir sie eher als komplementär, also einander ergänzend. Auf eine einzige Hypothese einigen konnte sich die Wissenschaft bisher allerdings nicht. Wo gehen die Meinungen auseinander?

WIE ENTSTEHT INTELLIGENZ IN DER EVOLUTION?

Vertretende *sozialer* Intelligenzhypothesen meinen, dass sich besonders große Gehirne und fortgeschrittene kognitive Fähigkeiten durch ein komplexes soziales Umfeld entwickeln. Ein prominenter Vertreter der Hypothese der Sozialen Intelligenz ist Robin Dunbar, ein britischer Anthropologe und Biologe. Er sagt: Wer mit vielen anderen Artgenossen zu tun hat, muss sich anpassen, um die vielen sozialen Beziehungen im Kopf zu behalten und unterschiedlich zu pflegen, ohne andere vor den Kopf zu stoßen.

Primatologen der schottischen University St Andrews, Andrew Whiten und Richard Byrne, vertreten zudem eine machiavellische Intelligenzhypothese: Sie argumentieren, dass besonders Wettbewerb in sozialen Beziehungen die Entwicklung von Intelligenz zu fördern scheint. Wer weiß, mit welchen Artgenossen er Freundschaften pflegen sollte und mit welchen es sich weniger lohnt, wie man andere an der Nase herumführen kann und letztendlich auch wie man sich mit einem verärgerten Freund wieder versöhnt, hat es in einer Primatengruppe leichter. Dies kann einen Überlebens- und Fortpflanzungsvorteil darstellen.

Demzufolge formt also unsere soziale Umwelt unser Gehirn: Wie groß ist die Gruppe, in der wir oder andere Tiere uns zurechtfinden müssen? Wie groß ist die Anzahl der Beziehungen, die wir aufrechterhalten möchten? Wie viele Arten von Beziehungen gibt es in unserer Gruppe und wie gehen wir jeweils mit ihnen um? Was wird gebraucht, um andere in der Gruppe manipulieren zu können? Zum Teil sind diese Hypothesen wissenschaftlich gestützt. Zum Beispiel haben Vögel mit anhaltender Paarbindung größere Gehirne als andere Vögel, die sich saisonal paaren. Auch bei den höheren Primaten korreliert Gruppengröße mit Großhirnrinde, was heißt: Je größer die Gruppen, desto leistungsfähiger auch die Großhirnrinde.

In der Anhängerschaft ökologischer Intelligenzhypothesen sieht die Sache naturgemäß anders aus: Für die Gehirnentwicklung sei die Komplexität, die sich aus der physischen Umwelt eines Tieres ergibt, verantwortlich. Und mit dieser Komplexität der Umwelt kann Mensch oder Tier in unterschiedlicher Gestalt konfrontiert sein:

Zum einen kann die Komplexität darin bestehen, an Futter zu gelangen, das eingeschlossen oder außer Reichweite ist. Diese *Extractive foraging hypothesis* oder „Hypothese vom Futterherausholen“ stellten Sue Parker und Kathleen Gibson 1977 auf, als von der technischen Intelligenz der Vögel, mit der wir uns heute auseinandersetzen, noch keine Rede war. Damals ging es vor allem darum, die Intelligenz der Schimpansen zu erklären. Dass diese Großen Menschenaffen sogar Werkzeuge verwenden, verbreitete sich rasch auch außerhalb der Forschung und gehört seit Langem zum Allgemeinwissen. Parker und Gibson boten als Erklärung an, dass diese

Tiere eben davon abhängig sind, nahrhaftes Futter zu „extrahieren", also irgendwo herauszuholen oder sich den essbaren Teil erst einmal zu erschließen: Kerne, Früchte oder Nüsse aus einer Schale, Insekten aus ihrem Bau.

Zunächst betrachteten die Wissenschaftlerinnen diese These als exklusiv: Die Schimpansen seien nicht deshalb so schlau, weil sie in einer Gruppe mit komplexen Beziehungen zusammenleben, sondern weil sie Köpfchen brauchen, um an das beste Futter zu gelangen. Später modifizierte Parker sie dahingehend, dass auch soziale Bedingungen eine Rolle spielen. Zum Beispiel gingen die Fähigkeit, komplexen Werkzeuggebrauch zu erfinden, und die Fähigkeit, ihn an andere Artgenossen durch soziales Lernen weiterzugeben, miteinander Hand in Hand.

Davon abgesehen kann Komplexität auch darin bestehen, an besonderes Futter in den Baumwipfeln des Dschungels gelangen zu müssen. Diese Hypothese zur technischen Intelligenz von Menschenaffen stammt von Richard Byrne. Auch seiner Meinung nach ließ sich der deutliche Unterschied in der Gehirngröße zwischen Großen Menschenaffen und anderen Affen nicht nur durch soziale Faktoren erklären. Vielmehr seien Primaten eben von superreifen Früchten abhängig, die hoch oben in den Baumwipfeln des Urwaldes hängen.

Aufgrund ihres Körpergewichts brauchen die Tiere spezielle Fähigkeiten und Fertigkeiten, um sich dort behände bewegen zu können. So sind etwa exzellente räumliche Wahrnehmungsfähigkeiten vonnöten. Durch Kombination von Abhängigkeit von Früchten mit räumlichen Fertigkeiten, um beim Klettern mit hohem Gewicht (etwa im Vergleich zu den meisten Nicht-Menschenaffen) klarzukommen, und Werkzeuggebrauch sei es zu dem Entwicklungssprung gekommen, vermutet Byrne.

Eine andere Hypothese besagt, dass die Komplexität in der Unvorhersehbarkeit einer ökologischen Umgebung besteht. Die *Cognitive Buffer Hypothesis* oder „Hypothese des kognitiven Puffers" sieht das besonders große Gehirn, wie schon weiter oben umrissen, als einen Puffer: ein Puffer, um krasse Veränderungen oder Unvorhersehbarkeiten zu kompensieren. Diese Hypothese wird selbstverständlich besonders gerne von Forschenden aus der Kognitionsbiologie herangezogen, die sich mit Problemlöseverhalten und Innovation befassen. Neu aufgesetzt und weiterentwickelt hat sie unter anderem der Biologe Daniel Sol. Ihre Kernaussage lautet, dass innovatives Verhalten einen vor dem Aussterben retten kann.

Denken wir zum Beispiel an endemische Arten, die auf ganz kleinen Inseln oder Inselgruppen leben. Wenn sich dort etwa klimatische Bedingungen großflächig verändern, können sie dieser Veränderung nicht aus dem Weg gehen – am Festland zögen sie einfach weiter. So aber kann man seine Intelligenz, wenn man sie hat, nutzen, um neue Ressourcen zu erschließen. Not macht erfinderisch – und mit einem Gehirn ist man dabei flexibler. Wenn man immer nur die gleichen Routinen abspult, bedeutet das bei veränderten Bedingungen womöglich den Untergang.

Heute gestehen wir allen sozialen wie ökologischen Intelligenzhypothesen einen Teil der Wahrheit zu. Beide Faktoren haben wohl zur Entwicklung des großen Gehirns, der Schlauheit und des Erfindergeistes bei verschiedenen Tieren beigetragen, jede auf ihre Weise. Kognitionsbiologen wie ich arbeiten daran herauszufinden, welchen sozialen oder ökologischen Druck unterschiedliche Tiere mit hoher Gehirnentwicklung in ihrer Umwelt erfahren und welche flexiblen Lösungen und kognitiven Mechanismen sie anwenden, um mit diesen umzugehen.

KEAS UND KAKADUS: BESONDERE HERAUSFORDERUNGEN

Denken wir an den Kea in den neuseeländischen Bergen, der plötzlich mit einem strengen Winter konfrontiert wird. In seiner Kindheit hat er erlebt, dass er sich recht viel erlauben, alles Mögliche angehen kann, auch etwas ganz Neues – und hat vielleicht ausgerechnet dadurch motiviert dann Erfolg bei der Futtersuche in einer Gegend, wo kaum noch etwas zu finden scheint. Es wird vermutet, dass der Kea von seinen nächsten Verwandten, dem Kaka, durch eine Eiszeit geografisch abgetrennt wurde und in der harscheren Gebirgsregion eine neue Spezies bildete.

Beide Vögel haben ein komplexes Sozialverhalten mit Gruppenbildung, doch ist der Kaka, der als Waldpapagei in tieferen Regionen lebt, deutlich scheuer als der Kea und bleibt lieber auf seinem Baum sitzen, als neue Gegenstände sofort zu erkunden oder Touristen auf ihre Rucksäcke zu springen. Auch seine Lebensbedingungen sind anders als die des Keas: Zwar sind beide Spezies zu einem gewissen Grad Allesfresser, jedoch hat der Kaka in seinem Lebensraum ein zuverlässigeres Angebot an Früchten, Samen und Insekten zur Verfügung. Dies macht den Kea zu einem extremen Opportunisten, der bei seiner Futtersuche eher mit einem offenen Programm vorgehen muss und neue Dinge ausgiebig manipuliert. Damit ist er ein gutes Modell sowohl für die Hypothese vom Futterherausholen (Wie gelange ich an eingeschlossenes Futter?) als auch die zum kognitiven Puffer (Wie komme ich mit der Unvorhersehbarkeit meines Lebensraumes zurecht?).

Bei den Goffin-Kakadus, mit denen ich im Moment hauptsächlich arbeite, ist es ähnlich – und doch anders. Goffins sind für Kakadus zwar klein, aber äußerst oho! Ihr Schnabel ist ein typischer Papageienschnabel, bloß nicht so kräftig, um jede Nuss zu knacken. Trotzdem nutzen sie viele Futterquellen, die sie sich erst erschließen müssen.

Außerdem ist die Spezies, wie erwähnt, auf dem Tanimbar-Archipel heimisch, einer sehr kleinen und auch sehr jungen Inselgruppe. Sie müssen sich also auf viele verschiedene Lebensumstände einstellen können. Das könnte auch einen Einfluss gehabt haben auf ihre Fähigkeit, problemlöserisch Alternativen zu finden, die bis zu aufwendigen Formen von Werkzeuggebrauch reichen (mehr dazu später). Dies macht sie ebenfalls zu Tie-

Eine Goffin-Gruppe versammelt sich in einem „Wartebaum" auf Tanimbar.

ren, bei welchen *extractive foraging* und der Bedarf eines *cognitive buffer* zu ihren besonderen Eigenschaften beigetragen haben könnten.

Jedoch leben sie, wie viele Papageien, durchaus in einem komplexen Sozialsystem. Die Familien bestehen aus monogamen Partnerschaften, bei denen wir im Moment annehmen, dass ausgewachsene Jungtiere einige Jahre mit den Eltern im Familienverband leben. Während der Saison für Mais und Bohnen scheinen sich große, überfamiliäre Gruppen zu bilden, die sich auf Bäumen sammeln, um dann gemeinsam auf die Felder hinunterzutauchen. Unsere Feldforschende Berenika Mioduszewska und Mark O'Hara vom Goffin Lab Tanimbar sind noch dabei, dieses Verhalten genauer zu erforschen, aber wir gehen davon aus, dass die bereits anwesenden Kakadus andere vorbeifliegende Artgenossen mit einem Ruf auffordern, sich ihnen anzuschließen.

Diese kommen dazu, setzen sich in nahegelegene Bäume um das Feld und beginnen sogleich mit *Allopreening*, der gegenseitigen Gefiederpflege. Dieses Verhalten

Im Wartebaum ankommende Goffins vertiefen sich sofort in *Allopreening*, die gegenseitige Gefiederpflege.

könnte helfen, Toleranz unter den Ankömmlingen aufzubauen. Dann, wohl auf ein artspezifisches Signal hin, fliegt die ganze Gruppe auf, schwirrt über das Feld und schwärmt aus, um Getreide zu plündern. Man spürt fast die Flügelschläge der Tiere, wenn man darunter in Camouflage im Feld hockt. Das Verhalten ist wohl eine Verwirrungstaktik – sie verringert die Gefahr, dass ein einzelner Vogel gefangen wird.

Inzwischen zeigen die Vögel die Rufrekrutierung von Artgenossen auch auf Futterplattformen, die Berenika und Mark in den letzten Jahren errichtet haben. Wenn eine Familie von Kakadus zusammen in einer Gruppe an so einer Plattform angekommen ist und somit bereits für Sicherheit gesorgt ist, kann es aber plötzlich auch ganz leise werden, sollten andere Vögel vorbeifliegen. Man teilt schließlich nicht so gerne mehr, als unbedingt nötig ist.

In Singapur leben ausgewilderte Goffins, die von Tanimbar überschifft wurden und dann in die Freiheit entkommen sind. Dort haben wir beobachtet, dass sie immer zur selben Zeit zu denselben „Schlafbäumen“

am Strand aufbrechen. Dazu rufen sich die Tiere beim Aufbruch von den Futterstellen laut zusammen, mit Kontaktrufen, die so etwas wie: Hier sind wir! Wo seid ihr? bedeuten. Mit dem Rufen treffen sie sich in kleineren Gruppen in kahlen Baumwipfeln mit guter Sicht, bevor alle fast gleichzeitig am Schlafbaum eintreffen, wo sich jeder seinen Ast sucht, um die Nachtruhe zu verbringen.

Innerhalb weniger Minuten ist der Baum voller Vögel. Dort ist dann ein großes Geschnatter zu hören und wiederum eine Runde *Allopreening* zur abendlichen Begrüßung zu beobachten, bevor es mit dem Verschwinden des Lichtes immer leiser wird. Auf Tanimbar gibt es diese Schlafbäume auch, sie befinden sich aber tief im Dickicht des tropischen Waldes und sind somit gut vor Feinden und uns neugierigen Menschen geschützt.

Es ist also plausibel, dass bei den Goffins und vielen anderen Papageienarten Komplexität in ihrem sozialen Umfeld eine besondere Rolle bei der Entwicklung ihrer geistigen Fähigkeiten gespielt haben dürfte.

Diese soziale Komponente kann sich ganz unterschiedlich darstellen. Schimpansen etwa sind sowohl für ihre technische Intelligenz und ihren vielfältigen Werkzeuggebrauch bekannt als auch dafür, dass sie ausgesprochen komplexe soziale Beziehungen miteinander pflegen. Sie achten nicht nur darauf, was sie selbst, sondern auch was ihre Artgenossen wahrnehmen, und haben oft sogar eine gewisse Kenntnis über die Ziele und Intentionen anderer Gruppenmitglieder. Für die intelligenten Elefanten ist es nicht so kompliziert wie etwa für einen Kea oder einen Schimpansen, an Futter zu kommen, aber sie haben dafür eine aufwendige Sozialstruktur und Kommunikation. Bei Kolkraben, ebenfalls in komplexen Sozialsystemen lebend, spielt aufgrund der hohen Konkurrenz untereinander das Verstecken der leckersten Futterbrocken eine große Rolle.

Orang-Utans sind technisch hochbegabt und verwenden in manchen Regionen auch Werkzeuge. Allerdings sind sie als Erwachsene weniger sozial als etwa

Schimpansen und eher einzelgängerisch. Durch ihre starken und über Jahre andauernden Mutter-Kind-Bindungen wird aber vieles ihrer technischen Fähigkeiten sozusagen von oben nach unten weitergegeben: Von der Mutter zu lernen, wie man Schlafnester baut, wie man an Futter kommt und was davon man essen kann, ist für das selbstständige Überleben von jungen Orang-Utans essenziell.

Die Botschaft ist also: Komplexitäten sowohl in der sozialen als auch in der ökologischen Umgebung der Tiere leisten wohl in unterschiedlichen Anteilen ihren Beitrag, um intelligentes Verhalten zu erklären. Es sind fast immer verschiedene Faktoren, die zusammenspielen.

BEI GEHIRNEN IST GRÖSSE NICHT ALLES

Der Oktopus gibt uns Rätsel auf. Man könnte sagen, sein Gehirn ist zu einem gewissen Grad „über den Körper verteilt“: Anders als wir Wirbeltiere hat er kein zentriertes Nervensystem – und ist dennoch intelligent und kann verschiedene technische Probleme einwandfrei lösen. Aus Sicht der Kognitionsbiologie ist das äußerst ungewöhnlich. Ein Oktopus ist überhaupt nicht sozial, sondern lebt solitär. Und er hat nur eine Lebensspanne von wenigen Jahren – andere Tiere müssen schon allein so lange lernen, um ihr Problemlöseverhalten zu trainieren.

Zum Beispiel wurden bereits vier Oktopusse dabei beobachtet, wie sie zwei leere Kokosnusshälften mit sich herumschleppten. Wozu die gut sind, verstehen wir erst, wenn eines der Tiere plötzlich eine Gefahr vermutet: Blitzschnell klappen beide Schalen aufeinander und der Oktopus ist verschwunden. Er hat somit nicht nur eine tragbare Rüstung gebaut, sondern auch für die Zukunft mitgedacht! Da Oktopusse nicht durch ein Schneckenhaus oder einen Panzer geschützt sind wie andere Weichtiere, müssen sie sich ständig etwas zur Verteidigung einfallen lassen. Gleichzeitig ist der Oktopus aber auch selbst Beutegreifer und Futterextrahierer, muss also

Ein neugieriger Oktopus im Haus des Meeres in Wien begutachtet mich.

Dinge knacken. In manchen Zoos werden Oktopussen Beutetiere in geschlossenen Marmeladengläsern zum Aufschrauben in die Aquarien gestellt.

Auch wenn ein Oktopus also vielleicht nicht so flexibel ist wie ein Schimpanse oder ein Papagei, dürfte er ein guter Problemlöser sein. Besonders interessant und eben auch so rätselhaft an ihm ist, dass er unsere gängigen Annahmen zur Intelligenzentwicklung völlig durchkreuzt.

Wir Menschen sind eine eitle Spezies, daher liegt uns nahe zu vermuten, dass sich Intelligenz stammesgeschichtlich einordnen lässt. Unser erster Instinkt ist, ähnliche Lern- und Denkverhalten wie bei uns zunächst nur in nah verwandten Arten zu erwarten.

Zudem ging für uns tierische Intelligenz lange Zeit Hand in Hand mit Gehirngröße und -aufbau. Als Kriterium wurden in der Forschung verschiedene Maße herangezogen. Die größten Gehirne wie die von Pottwalen und Elefanten etwa sind mehrere Kilogramm schwer. Bei der relativen Gehirngröße (im Verhältnis zum Körper) schneiden Fledermäuse oder Spitzmäuse besser ab. Die vordere Region unseres Gehirns, unser präfrontaler Kortex, ist höchst relevant für unsere Wahrnehmung, unsere Persönlichkeit, unser Denken und Lernen (Kognition). Auch dessen Größe wurde herangezogen, um Intelligenz einschätzen zu können. Derzeit setzen einige neurowissenschaftliche Forschungen darauf, Nervenzellen in der Großhirnrinde zu zählen oder sogar die Nervenzellen in bestimmten zum Denken relevanten Gehirnregionen. Dabei lernen wir laufend dazu.

Zum Beispiel das, was wir über die letzten Jahrzehnte über das Gehirn von Vögeln erfahren haben. Ihnen wurde lange ihre Schlauheit abgesprochen. Ein Grund dafür war, dass Menschen und Primaten insgesamt ein Gehirn mit Falten und Furchen haben. Das Gehirn eines Vogels dagegen ist glatt und nicht gefaltet und natürlich sehr viel kleiner. Lange haben wir Menschen daher angenommen, dass das Vogelhirn aus sehr einfachen Kernstrukturen besteht. Also ein sprichwörtliches „Spatzenhirn“, in dem überhaupt keine komplexen Gedankengänge möglich sein können.

Erst in den frühen 2000er-Jahren war nach neurowissenschaftlichen Forschungen an der Duke University (USA) endgültig klar, dass Vogelhirn und Säugerhirn vollkommen unterschiedlich aufgebaut sind. Es ist, als würde man einen Mac und einen PC miteinander vergleichen. Während sich unser Hirn in Schichten aufbaut, besteht das Vogelhirn aus Zentren. Eines dieser Zentren, das Nidopallium, hat, wie wir heute wissen, eine ähnliche Funktion wie unser präfrontaler Kortex.

Zudem ist das Vogelhirn zwar kleiner, jedoch sehr viel effizienter als das eines Säugetieres. Als Forschende der Karls-Universität in Prag die Zellkerne in der Hirnrinde von verschiedenen Vögeln und Säugetieren zählten, kamen sie darauf, dass Vogelgehirne über wesentlich mehr Nervenzellen pro Kubikmillimeter verfügen. Dabei kommen Papageien und Krähen sogar auf ähnlich hohe Neuronenzahlen in der Hirnrinde wie höhere Primaten. Schimpfen Sie mich also ruhig „Vogelhirn“, ich würde es definitiv als Kompliment nehmen!

Der letzte gemeinsame Verwandte von Menschen und Vögeln lebte vor ca. 320 Millionen Jahren, das heißt, dass es sich hier um eine sogenannte „konvergente Evolution“ von Intelligenz handelt: In der Entwicklungsgeschichte sind Lebewesen mit völlig unterschiedlichen Lebensrealitäten oder in völlig unterschiedlichen geografischen Gebieten zum selben Anpassungsergebnis (in dem Fall: Intelligenz) gekommen, ohne miteinander verwandt zu sein oder voneinander gelernt zu haben.

Auch wenn es manchmal eigenartig scheinen mag: Der verschiedene Arten vergleichende Ansatz (deshalb heißt unser Fach auch „Vergleichende Kognitionsbiologie“) ist ungemein wichtig, um Intelligenz zu verstehen. Wenn wir wissen wollen, welche geistigen Fähigkeiten uns von unseren nächsten Verwandten absetzen, was uns also zum Menschen macht, ist es wichtig, die entsprechenden Fähigkeiten im direkten Vergleich mit unseren nächsten Verwandten zu betrachten.

So werden zum Beispiel am Max-Planck-Institut für Anthropologie in Leipzig Kinder verschiedener Altersstufen oft mit denselben Versuchsaufbauten getestet wie die Menschenaffen im Pongoland des Leipziger Zoos. Von solchen Vergleichsstudien werde ich Ihnen später berichten. An ihren Ergebnissen kann man in gewisser Art messen, welche Fähigkeiten bei einem gemeinsamen Verwandten in der Entwicklungsgeschichte vielleicht noch dagewesen sind und wo sie fehlen.

Angenommen, man möchte darüber hinaus verstehen, wie weit zurückliegend bestimmte Eigenschaften erhalten sind, dann muss man den Vergleich mit etwas weiter entfernt verwandten Arten suchen. Zum Beispiel fanden Forschende der Universität St Andrews und Leipzig, dass drei- bis fünfjährige Kinder und Schimpansen eine Aufgabe bestanden, bei der es um abstraktes Konzeptlernen ging. Kapuzineraffen aber nicht.

Wenn man wiederum an der Evolution von intelligentem Verhalten interessiert ist, dann sollte man Arten vergleichen, bei denen die jeweiligen geistigen Prozesse völlig unabhängig voneinander, also konvergent entstanden sind. Wenn die gleichen Denkprozesse wirklich vorhanden sein sollten, kann man weiter schauen, ob diese Arten mit ähnlichen ökologischen oder sozialen Herausforderungen umgehen müssen, und daraus kann man letztendlich Rückschlüsse ziehen, warum ein bestimmtes intelligentes Verhalten entstanden ist.

Noch einmal zurück zum Gehirn: Unser Fokus der vergleichenden Forschung lag natürlich zunächst zuerst auf den höchst „enzephalisierten“ Tieren, also jenen, die eine starke Gehirnentwicklung zeigen: auf den höheren Primaten, den Delphinen, den Elefanten und dann später auf den Krähen und Papageienvögeln. Diese Tiere bezeichnen wir daher im Fachjargon auch gerne als unsere „kognitiven Cousins“, die völlig unabhängig voneinander, eben konvergent, Intelligenz entwickelt haben.

Ich denke dabei aber auch, dass viele Arten ein gewisses Potenzial für flexibles Problemlöseverhalten haben, die im Moment vielleicht noch nicht so sehr im Fokus stehen. Ansätze liefern Beispiele wie Lars Chittkas Forschung an Hummeln. Das Team des deutschen Insektenforschers gab ihnen etwa einen winzigen Ball, mithilfe dessen sie nur an einer bestimmten Stelle auf einer Plattform an Nektar gelangen konnten – siehe da, sie rollten ihn genau dort hin! Auch andere klassische Experimente aus der Kognitionsforschung wurden für Hummeln adaptiert, etwa das *Collaborative string pulling*, wo zwei Individuen gleichzeitig an einem Strang ziehen müssen, um an die Belohnung zu kommen.

AUCH KLEINE GEHIRNE KÖNNEN PROBLEME LÖSEN

Auch Bienen und Hummeln, selbst kleine Gehirne können also Probleme lösen. Wenngleich der Versuch meist etwas angepasst werden muss, ist das dennoch faszinierend. Und die Faszination für die Intelligenz völlig andersartiger Spezies ist vielleicht der erste Schritt dazu, unsere menschliche Eitelkeit abzulegen. Wenn nämlich nicht bloß die „Einzigartigkeit des Menschen" verstanden oder untermauert werden soll, dann können wir den Forscherblick auch auf Arten lenken, die deutlich weiter „unten" im phylogenetischen Stammbaum des Lebens zu finden sind und Intelligenz entwickelt haben. Dann blicken wir nicht auf den Schimpansen, sondern auf den Kapuzineraffen, auf die Krähen, auf den Oktopus oder eben auf die Hummel. Wer weiß, was es in deren Leben und Denken noch alles zu entdecken gibt! Wenn wir dann erkennen, mit welchen Herausforderungen sie es in ihrer evolutionären Entwicklung zu tun hatten, können wir eher Schlüsse daraus ziehen, wie Intelligenz entstanden ist. Im Zeitalter des Aufstiegs von künstlicher Intelligenz kann es nicht schaden, den Ursprung von Intelligenz in der Natur etwas besser zu verstehen.

Ich werde oft gefragt: Welches Tier ist eigentlich das intelligenteste? Aber es gibt nicht *die eine* Intelligenzskala. Vielmehr habe ich bei dieser Frage stark den Eindruck, dass wir alles gerne nach Größe sortieren, damit es übersichtlicher für uns wird. (Eine Flexibilität des Geistes brauchen wir dann aber immer weniger.)

Was ich versuche, unseren Studierenden an „intelligentem" Verhalten mitzugeben, ist, dass sie lernen, selbstständig zu denken und zu schreiben, ihre Gedanken auszuformulieren. Ich lege ihnen gerne ans Herz, an ihrem persönlichen Ausdruck zu arbeiten – man muss die Flexibilität des Geistes ja auch schulen! Es gibt gewisse Regeln, an die man sich halten muss, aber das Formulieren macht auch Spaß.

Um innovativ zu sein, braucht es also flexibles Verhalten und ein Nervensystem, das dieses flexible Verhalten zulässt. Wie das Gehirn hingegen strukturiert ist, mag variabel sein. Und diese neurale Substanz verursacht mir Kosten, weil sie viel Energie braucht. Aber wenn alle Quellen, auf die ich mich verlassen kann, versagen, kann ich mir dank dieses Organs eine neue Nische aufmachen und so mein Überleben sichern.

In dem Hollywood-Film „Der Marsianer" von Ridley Scott sagt der Astronaut Mark Watney (Matt Damon), der nach einer verunglückten Mars-Mission allein auf dem Planeten zurückbleibt: „*I'm gonna have to science the sh** out of this.*" Sinngemäß übersetzt bedeutet das: Will er auf dem unwirtlichen Mars überleben, muss er sich alles, was er dazu braucht, selbst erfinden und mit den wenigen Mitteln, die er schon hat, klarkommen. Was, wenn auf unserem Planeten ein Komet einschlüge und wir es plötzlich mit völlig anderen Lebensbedingungen zu tun hätten? Eine Spezies, die die immer gleiche Routine abspult, sich auf ihre Reflexe verlässt, wäre dann wohl verloren. Hat man hingegen in ein Gehirn investiert, so wird mehr möglich sein, als vielleicht der Seehase daraus machen kann.

3

WAS ES ZUM ERFINDEN BRAUCHT

Als Delfin, daheim in der Unterwasserwelt, kann man sich bessere Fischfangmethoden ausdenken, als es uns an Land jemals einfallen würde. Dass Delfine, diese sozialen Meeressäuger, gemeinsam jagen, ist allgemein bekannt. Wir wussten auch schon, dass sie besonders als Kälber spielerisch und erkundungsfreudig mit ihrer Umgebung interagieren, mit ihren Flossen auf den schlammigen Meeresboden klatschen, aus Luftblasen geformte Ringen als „Spielzeug“ herstellen oder Objekte mit sich herumschleppen. Doch dass sie ihre Umgebung systematisch verändern können, um eine neue Fischereitechnik umzusetzen, wurde erst in den späten Nullerjahren beschrieben und ab 2019 anhand von Helikopter- und Drohnenvideos systematisch analysiert.

Gruppen von Delfinen oder auch einzelne Individuen in Florida und in Mexiko wenden eine ganz besondere Jagdmethode an: Ein Delfin dreht in einem fischreichen, seichten Wasser mit schlammigem Boden kleiner werdende Runden um einen Schwarm von Meeräschen und wirbelt dabei mit der Schwanzflosse eine ringförmige Schlammschwade vom Boden auf, welche am Schluss bis zur Wasseroberfläche reicht. Die innerhalb der zunehmend undurchsichtigen „Schlammwand“ befindlichen Fische fühlen sich schließlich eingekesselt und springen panisch aus dem Wasser. Da warten allerdings die hungrigen, bereits empfangsbereit geöffneten Delfinmäuler, in denen sie teils direkt landen.

Wenn wir uns fragen, was es braucht, um derartig erfinderisch werden zu können, stoßen wir auf einige geistige und körperliche Zutaten, die dazu nötig sind. Ihre „Anwendung“ mit dem richtigen Rezept führt zu überraschenden Ergebnissen, wie wir in diesem Kapitel sehen werden.

Eine Rolle spielt natürlich der Körperbau eines Tieres. Vor ein und dieselbe (Denk-)Aufgabe gestellt, macht es einen Unterschied, ob die zu untersuchenden Tiere Hände haben, acht Arme wie ein Oktopus oder aber, wie

Schlangen, weder das eine noch das andere. Eine Krähe kann mit ihrem Schnabel nicht auf dieselbe Art eine Nuss zerschlagen wie ein Kapuzineraffe, der diese mit beiden Händen fest umschließt und mit seinen Armen über dem Kopf kräftig ausholt, bevor er sie auf einem Stein zerschmettert. Die Krähe kann jedoch ihr Ziel dadurch erreichen, indem sie die Nuss im Flug auf eine harte Oberfläche fallen lässt.

Zu diesen körperlichen Voraussetzungen kommt die Frage, wie man „von Natur aus“ getuned ist, also welche ökologischen Anpassungen an die Umwelt die jeweilige Tierart bereits durchgemacht hat. Manche existierenden Verhaltensanpassungen können auf dem Weg zur Erfindung einen Vorteil bedeuten, andere einen Nachteil. Eine Neukaledonische Krähe etwa deckt 30 Prozent ihres Proteinbedarfs durch Käferlarven, die sie mittels Stöckchen unter der Baumrinde hervorstochert.

Ein Rabe hat anatomisch eine relativ ähnliche Grundausstattung wie diese Krähe und stammt aus derselben Familie. Er ist jedoch ein opportunistischer Aasfresser und zieht und zerrt von Natur aus gerne an Futterquellen. Es ist daher für eine Neukaledonische Krähe einfacher, die Lösung zu einem Problem zu finden, das ein Stochern erfordert – und für einen Raben, wenn es erfordert ist, etwas aufzureißen (mehr dazu im nächsten Kapitel). Es trifft auch oft zu, dass dieselbe physische Umwelt unterschiedlichen Tieren unterschiedliche Gelegenheiten bietet, die am Schopf gepackt werden können.

Im englischen Fachjargon sprechen wir dabei von affordance learning, ein Begriff, den der amerikanische Psychologe James Gibson in den späten 1960er-Jahren zu verwenden begann. Affordance lässt sich allerdings schwer übersetzen, am ehesten als „Aufforderung“ oder „Anbietung“. Einfach gesagt geht es dabei um die Beziehung zwischen einem physischen Gegenstand und einem Handelnden: Denken Sie an eine Türklinke.

Für uns Menschen stellt ihr Aussehen eine fast unwiderstehliche Aufforderung dar, sie hinunterzudrücken, um die Tür zu öffnen. Solche affordances sind aber nicht offensichtlich, sondern oft kulturell codiert oder sogar individuell verschieden: Ein Feuerzeug etwa dient den einen dazu, eine Zigarette oder eine Kerze anzuzünden, für die anderen ist es ein Werkzeug, um eine Bierflasche zu öffnen. Auch sind affordances nicht immer sofort sichtbar, und die Anwendungsmöglichkeiten müssen auf andere Weise wahrgenommen werden.

Für unterschiedliche Tiere können natürlich die affordances von denselben Gegenständen und Landschaften in ihrer physischen Umgebung auch völlig anders sein. Nehmen wir zum Beispiel eine Wiese: Wir selbst oder der Fuchs laufen drüber, der Maulwurf gräbt sich hinein, der Vogel findet Essbares zwischen den Grashalmen. Um Probleme zu erkennen und zielgerichtet zu lösen, ist es also oft überlebenswichtig, zu lernen, welche Aktionsmöglichkeiten man als Tier mit einem Gegenstand hat.

Delfine interagieren etwa viel und gerne mit sandigem oder schlammigem Untergrund. Irgendwann dürften sie dabei erkannt haben, dass sich mit dessen Aufwirbeln Fische verwirren lassen. Das Sprichwort „Gelegenheit macht Diebe" heißt in dem Fall: Gelegenheit macht Erfinder!

SPIELEND UND ERKUNDEND LERNEN

Eine der Eigenschaften, die also dabei helfen kann, affordances zu entdecken, ist Spielverhalten. Spielen ist in der Verhaltensforschung so definiert, dass es nur freiwillig und ausschließlich in stressfreien Situationen, in welchen sich ein Tier in Sicherheit wähnt, stattfindet. Von der Struktur ist es typischerweise leicht abweichend von ähnlichen, ernsteren Verhaltensarten, und es wird in einer bestimmten Lebensphase des Tieres immer wieder wiederholt. Dazu kommt, dass es keinen direkten Nutzen hat, der unmittelbar beim Überleben hilft. Aber ein indirekter Nutzen kann trotzdem bestehen: Spiel ist oft selbstbelohnend, allein der Zustand des Spielens ist schon

Elefanten spielen miteinander ebenso gern wie mit
ihrer physischen Umgebung, etwa mit Wasser.

genug für das Tier. Spielende Menschenkinder werden uns in diesem Buch übrigens auch noch beschäftigen.

Bei verschiedenen Tieren findet man verschiedene Arten von Spiel, die auf ihre spätere Lebensweise hinweisen. Beobachten wir etwa zwei junge Ratten, die sich balgen oder gegenseitig jagen, sehen wir ein soziales Spiel. Bewegungsspiel zeigen uns etwa die Nacktaugenkakadus, die in australischen Städten an Kabeln Loopings und andere Akrobatik zur Schau stellen. Und dann gibt es auch noch – und das interessiert uns in diesem Buch natürlich besonders – das Objektspiel.

Beim Spielen mit physischen Objekten wird, je nach Tierart, auf verschiedene Art und Weise herumprobiert. Manche tragen Gegenstände herum, reiben und klopfen damit auf Oberflächen, kombinieren sie, werfen sie in die Luft, tauchen sie ins Wasser und schauen, ob sie untergehen. Für uns sieht es aus, als würden sie einfach mit einem Objekt „Spaß haben".

Welche Funktion hat Spielverhalten? Dazu gibt es verschiedene Theorien. Eine besagt, dass das Spielverhalten bei Jungtieren nur als zufälliges Nebenprodukt existiert, um überflüssige Energie loszuwerden. Eine andere Theorie hingegen geht davon aus, dass das Spiel hilft, bestimmte Geschicklichkeiten zu trainieren, die später nützlich sind. Ein Beispiel dafür ist das Objektspiel, das man bei jungen Katzen beobachten kann. Sie pfeffern kleine Gegenstände durch die Gegend, nur um sich dann wieder darauf zu stürzen und mit beiden Pfoten darin verkrallt am Boden zu kugeln. Gerade noch ein Wollbällchen, wird es bald schon eine Maus sein, der das Tier nachjagt.

Eine weitere Theorie zur Funktion von Spiel, die derzeit an Stabilität gewinnt, legt die Vermutung nahe, dass das Objektspiel Tieren erlaubt, Neues herauszufinden, also die Nutzungsmöglichkeiten von unterschiedlichen Landschaften und physischen Objekten zu erlernen. Dies kann später durchaus von praktischem Nutzen sein, wenn wir uns etwa an die „Kindheit" bei den Keas erinnern.

Nicht immer ist – zumindest auf den ersten Blick – bestimmbar, ob es sich um ein Objektspiel handelt oder um das fortgeschrittene Verhalten, das wir „Exploration“ nennen und dessen Ziel explizit die Informationsgewinnung ist. Dazwischen existiert eine breite Grauzone. Vereinfacht gesagt, lautete etwa die Fragestellung, der ein Tier beim Objektspiel nachgeht: „Was macht dieses Objekt?“, und bei der Exploration: „Was kann ich mit diesem Objekt machen?“ Dabei kippt Objektspiel natürlich manchmal in Exploration um. Diese ist typischerweise nicht ein repetitives Verhalten, bei dem einzelne Sequenzen immer wieder wiederholt werden, sondern schon wesentlich strukturierter.

Ein Tier hebt etwa ein Objekt auf, schaut darunter, schüttelt es kurz, versucht es aufzuschlagen oder es probiert zielgerichtet, welches von zwei Objekten schwerer ist, indem es zwischen ihnen hin und her wechselt. Als Beobachtende sehen wir etwas mit einem Objekt passieren und weniger stark ein „spielendes Tier“ – wenngleich es, wie gerade gesagt, für uns Forschende oft schwierig sein kann, zwischen den beiden Verhalten zu unterscheiden. Beide jedoch sind wichtig, um zu einem tierischen Erfinder zu werden.

VON ANGST UND NEUGIER

Eine Eigenschaft, die Objektspiel wie Explorationsverhalten begünstigt oder vorantreibt und auch für das Erfinden unabdingbar ist, ist die Neugier. In der Verhaltensbiologie spricht man von „Neophilie“, wörtlich: das Hingezogensein zu allem, was neu ist. Ohne diese Neugier haben Tiere gar kein Bedürfnis, mit neuen Dingen spielen oder sie explorieren zu wollen. Wenn nur die immergleichen angeborenen Handlungen ausgeführt werden, weil mehr nicht nötig ist, um zu überleben, kann man nichts erfinden. Opportunisten hingegen, die sich für den Fortbestand immer wieder „etwas einfallen“ lassen müssen, um Futter zu

Wer mit Katzen lebt, kennt ihre Begeisterung für das an den Beutefang angelehnte Objektspiel. Hier beschäftigt sich Jungkatze Holly mit einem Federspiel.

finden, haben von der Natur die Neophilie mitgegeben bekommen. Und deshalb sind neugierige Tiere auch so gute Modellspezies für den Erfindergeist.

Parallel zur Neophilie – und übrigens nicht als entgegengesetzten Pol einer Verlaufslinie zu verstehen – gibt es die Neophobie, also die Angst vor Neuem. Bei Neophilie und Neophobie handelt es sich um zwei unterschiedliche Eigenschaften, die von unterschiedlichen Selektionsprozessen angetrieben werden. Die Neophilie ist, wie gesagt, ein typisches Merkmal von opportunistischen Generalisten, die, um zu überleben, darauf angewiesen sind, immer wieder neue Futterquellen oder Lebensräume zu entdecken.

Neophobie dagegen wird im Regelfall von einer gefahrendurchzogenen Umgebung gefördert. Gibt es etwa viele Raubfeinde oder giftige Früchte, dann ist es überlebenswichtig, sich mit Vorsicht einem neuen Objekt anzunähern. Wenn man also spezialisiert ist in einer

Ein junger Orang-Utan untersucht vorsichtig ein Blatt.

Umgebung, in der viele Gefahren lauern, wird man sich neuen Dingen kaum annähern: Man braucht sie eigentlich nicht und will sich nicht unnötig in Gefahr begeben.

Lebt man hingegen wie der Kea in einer Umgebung mit wenigen Feinden, ist aber auf neue Gelegenheiten angewiesen, stürzt man sich geradezu auf neue Dinge, um mit ihnen zu spielen oder sie zu untersuchen, das kann schließlich nicht schaden. Wichtig ist, man kann durchaus beides gleichzeitig sein: sowohl neophil als auch neophob!

Unsere Kakadus etwa sind neophil und neophob. Sie haben sowohl einige Raubfeinde, sind aber auch Opportunisten, die vermutlich zumindest in ihrer frühen Entstehungsgeschichte auf einer jungen, kleinen, wahrscheinlich damals noch kargen ozeanischen Inselgruppe auf neue Gelegenheiten angewiesen waren. Interessanterweise scheint ihre Neophobie selektiv zu sein: Sie reagieren vollkommen unterschiedlich auf verschiedene

Stimuli. In unserer Volieren-Anlage in Österreich sind zum Beispiel immer wieder TV-Teams zu Besuch, die riesige Kameras, Lautsprecher, Lichtblenden und Mikrofone mitbringen. Obwohl diese Objekte für die Vögel neu sind, warten sie schon gebannt am Gitter, bis alles aufgebaut ist, und stürzen sich auf die Besucher, sobald diese die Voliere betreten, und ihre neuen „Spielzeuge". Wir Forschende haben dann unsere liebe Mühe damit, die Tiere davon abzuhalten, Schaumgummi von den Mikrofonen zu reißen, die Hebel der Tripods zu verstellen oder Objektivdeckel aus den Hosentaschen zu fischen – und dürfen danach versuchen, bereits eroberte Hemdknöpfe mit Leckereien wieder zurückzutauschen.

Wenn wir unsere Vögel zu ihrem Erfindergeist testen möchten, geht das nur auf freiwilliger Basis, weil sie in einer recht großen Freiflugvoliere von insgesamt 200 Quadratmetern gehalten werden. Die Tiere werden daher beim Namen gerufen, um in den Testraum zu fliegen. Gewöhnlich fehlt es ihnen nicht an Motivation, aber manchmal möchte ein Tier dann doch nur mit großen Augen durch den Türspalt lugen, weil – o Schreck! – ein zuvor nie dagewesenes rechteckiges kleines Holzstück auf dem Tisch liegt.

Die Tiere sind also sehr selektiv in ihrer Neophobie. Wir testen diese, indem wir etwa neben einen Teller mit einem besonders guten Nüsschen verschiedene Objekte stellen oder legen. Je nachdem, wie lange es dauert, bis sie sich das Futter nehmen, messen wir ihre Annäherungslatenz, also wie lange es dauert, bis sie ihre Neophobie überwunden haben und zu dem Futter gehen. Wir geben den Tieren freilich genug Raum, auszuweichen. Und sie haben die Möglichkeit zu entscheiden, auch gar nicht zur Nuss zu gehen (es gibt immer Obst und Basisfutter in der Voliere).

Jedenfalls ist diese Annäherungslatenz ein wichtiger Faktor in Bezug aufs Innovationsverhalten, denn: Um zu explorieren und Dinge auszuprobieren, muss man unbedingt vermeiden, gefressen zu werden. Durch diese Versuche konnten wir zum Beispiel herausfinden, dass die Kakadus keinen Unterschied zwischen ansonsten gleichen Objekten unterschiedlicher Farbe oder Oberflächenspiegelung machen, aber sehr wohl bei Objekten unterschiedlicher Länge: Sie brauchen länger, um neben einem länglichen Rechteck aus Modelliermasse ein Nüsschen zu holen als neben einem Quadrat, auch wenn beide ansonsten die gleiche Farbe und Masse haben und aus demselben Material hergestellt sind. Wenn Sie die im Internet kursierenden Videos von Katzen kennen, die fürchterlich vor Gurken erschrecken, ahnen sie vielleicht, welchen Grund das hat: Pythons sind neben einigen Raubvogelarten der größte Feind der Kakadus auf den Tanimbar-Inseln. Und ein längliches Rechteck als Stimulus mag schon reichen, um sich besser erst mal nicht sofort zu nähern.

Damit sind wir bei der ersten Grundbedingung, um den Erfindergeist zu wecken: Das ist die Neophilie kombiniert mit Spiel- oder Explorationsverhalten, die zum affordance learning und damit wichtigen Entdeckungen führen kann. Eine solche machten Javaneraffen auf Bali. Dort wird gerade eine Population dieser Primaten in einem „heiligen Wald“ bei Ubud von einem Team kanadischer und indonesischer Forschender untersucht. Die Tiere sind etwas überfüttert und dafür bekannt, dass sie Touristen ihre Sachen stibitzen – um sie dann gegen Essen als Lösegeld einzutauschen. Einige geschäftstüchtige Tiere wissen übrigens beim Tausch inzwischen genau, dass ein Handy besseres Futter wert ist als eine Sonnenbrille oder eine läppische Kappe. Für ein Stück Gurke würde man doch niemals hergeben, was zumindest eine Packung Kartoffelchips wert sein müsste.

Diese Primaten zeigen in ihrer Entwicklung durchaus komplexes Objektspiel und Explorationsverhalten, wobei sie Steine auf Oberflächen reiben oder schnell auf Untergrund hämmern. Im Zuge ihrer Manipulationen sind sie neulich auch auf eine speziell angenehme Innovation gestoßen: dass sich nämlich Steine auf ähnliche Weise wunderbar als Masturbationswerkzeuge einsetzen lassen! Oder: Wenn man Menschen prinzipiell gerne auf den

Javaneraffen in Singapur haben verschiedene Techniken entwickelt, um Mülltonnen umzuwerfen.

Kopf hüpft und mit ihren Haaren spielt, bleiben Letztere öfter mal zwischen den Fingern hängen. Nach weiterer Exploration dieser merkwürdigen Fäden findet sich ein weiterer Nutzen: Ebenfalls von Touristen gefütterte Makaken in Thailand haben entdeckt, dass die Haare, besonders gebündelt, ausgesprochen gut als Zahnseide dienen.

Auch in Singapur, wo wir im Moment ausgewilderte Kakadus im Freiland beobachten, gibt es Javaneraffen. Bei Parkbegegnungen konnte ich verschiedene Techniken beobachten, mit denen Mülltonnen effizient umgeschmissen wurden. Zum Beispiel kann man sich mit den Händen am oberen Rand festhalten und sich mit beiden Füßen kräftig gegen den unteren Teil schwingen oder auf den Deckel springen, sich mit Händen und Füßen festhalten und dann mit starken Rüttelbewegungen die Tonne zum Schwanken bringen. Es würde mich nicht wundern, wenn einige dieser Verhaltungsweisen an Bewegungsspiele der Javaneraffen in den Bäumen angelehnt sind.

Doch es braucht noch andere Bedingungen. Eine hat mit der Kapazität des Arbeitsgedächtnisses zu tun. Nötig ist die Fähigkeit, sich an effiziente Arbeitsschritte zu erinnern. Die Tiere müssen in der Lage sein, sich eine exakte Sequenz von Verhaltensweisen zu merken – und oft auch mehrere Schritte im Kopf behalten, die zum erwünschten Ergebnis geführt haben. Besonders augenscheinlich lässt sich das anhand einer unserer Versuche zeigen, der „Lockbox". Das ist ein Kästchen, versperrt mit fünf unterschiedlich zu entriegelnden Schlössern.

Die Belohnung befindet sich hinter einem Fenster, vor welches ein Riegel geschoben ist. Der Riegel wird von hinten von einem dicken Rad blockiert, das in der Mitte einen Schlitz hat, welches sich auf einen T-Balken, der hindurchgeht, ausrichten lässt, was wiederum erlauben würde, das Rad herauszuziehen. Nur ist dieses von einem

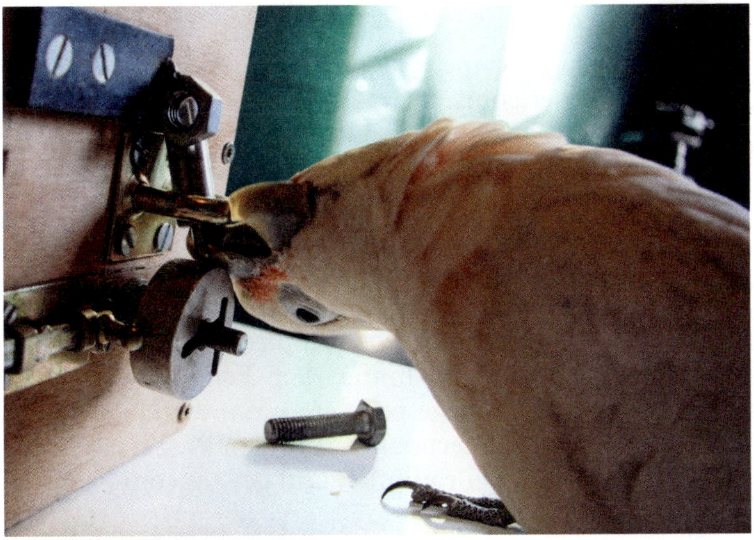

Kakadu Pipin beim Öffnen der „Lockbox": Die fünf verschiedenen Schlösser, mit denen das Kästchen versperrt ist, erfordern viel Geschick und Erfindergeist.

vertikalen Bolzen blockiert, der eine Nase hat, die oben im Rad steckt. Der Bolzen wird gegen die Box durch einen Ring gehalten, aus dem er sich nach oben hinausheben lassen würde. Nur wird der Bolzen nach oben hin durch eine horizontale Schraube blockiert, die mit einer Mutter an der Box befestigt ist. Um die Schraube zu entfernen, müsste man sie ca. 30-mal nach unten drehen. Allerdings wird ihre Bewegung durch einen Splint blockiert, der in einem Loch in der Schraube vor der Mutter steckt.

Für uns schon kaum nachvollziehbar, löste einer unserer Vögel die gesamte Sequenz im Alleingang in ca. 100 Minuten. Bei jedem darauffolgenden Versuch war er fast schlagartig schneller (am Schluss nurmehr ca. eine Minute) – was von einem recht guten Arbeitsgedächtnis zeugt.

MIT GEDULD UND SPUCKE

Ohne die nächste Fähigkeit wären Aufgaben wie das Öffnen der Lockbox nicht zu schaffen: Persistenz. Es braucht ein gewisses Maß an Geduld und ein Sich-nicht-ablenken-Lassen. Oft folgt auf mehrere (oder sehr viele!) Versuche ohne Erfolg oder sogar ohne relevante Auswirkung dann einmal ein Erfolgserlebnis. Genau die davor gesetzten Handlungen gilt es dann zu merken und später zu wiederholen.

Wie man an den vielen Schritten, die zum Knacken der Lockbox nötig waren, merkt, brauchen Tiere mit Erfindergeist außerdem die Fähigkeit, sich mental von ihrem Ziel entfernen zu können, um sich auf die Problemlösung konzentrieren zu können. Um dies zu erreichen, sind Impulskontrolle und Flexibilität wichtig: nicht einfach vor der Belohnung hinter dem Fenster zu harren, sondern auch neue Dinge probieren, um die Hürden, die einen am Zugriff hindern, aktiv aus dem Weg schaffen zu wollen und sich dabei räumlich und geistig vom Ziel entfernen zu können.

Ein gutes Beispiel dafür ist das Floating-Peanut-Experiment, vor das Forschende um Natacha Mendes mehrere Orang-Utans im Leipziger Zoo gestellt haben. Die Menschenaffenanlage, in der sie leben, ist die größte in Europa. Direkt im Anschluss an das „Pongoland“, wie das Gehege heißt, befinden sich die Testkompartments des Max-Planck-Instituts für evolutionäre Anthropologie, zu denen sich die Tiere vormittags bewegen können. Die Teilnahme ist freiwillig: Die Tiere werden von ihren Pflegern namentlich aufgerufen, um an Versuchen teilnehmen zu können.

Dort wartete in diesem Fall folgende Versuchsanordnung auf sie: In einem vertikal am Boden befestigten Rohr befand sich eine Erdnuss in ihrer Schale, und zwar so weit unten, dass die Tiere trotz ihrer relativ langen Finger sie nicht herausholen konnten. Im Gehege gab es sonst kein Material, um ein Stocher-Werkzeug oder Ähnliches zu bauen. Ich bitte Sie jetzt kurz für sich selbst zu reflektieren: Was würde Ihnen in diesem Fall einfallen, um an die Nuss zu kommen? Die Orang-Utans versuchten es eine Zeit lang mit dem Finger, vergeblich. – Sie gingen dann zum nächsten Wasserbecken (sie entfernten sich also räumlich und sogar geistig von ihrem Ziel), füllten ihre Backen voll mit Wasser und spuckten es in das Rohr.

Nach etwa dreimal Wasserholen schwamm die Nuss in greifbare Nähe auf. In wenigen Minuten war das Rätsel gelöst. Schimpansen taten sich in einer weiteren Studie etwas schwerer, allerdings gab es auch hier Tiere, die die Aufgabe lösen konnten. Einer der Kandidaten verzichtete sogar auf den Gang zum Wasserbecken und pieselte einfach ins Rohr. Der uringetränkte Zustand der Erdnuss hielt ihn jedenfalls nicht davon ab, sie trotzdem genüsslich zu verzehren. Als dieselbe Aufgabe menschlichen Kindern gegeben wurde, löste die Mehrheit das Problem mit acht Jahren (wohlgemerkt aus einer Kanne schüttend, nicht pieselnd oder spuckend).

Hier lässt sich erkennen, was wir schon bei den fischfangenden Delfinen oder auch bei den mülltonnenöffnenden Kakadus in Sydney sahen: Die Orang-Utans schienen bereits über ein gewisses Maß an (physikalischem) Wissen zu verfügen, das zum Lösungsprinzip wurde, nämlich dass bestimmte Gegenstände im Wasser aufschwimmen können. Sie müssen es sich im Spiel oder im Erkunden, im häufigen Hantieren mit Gegenständen und Wasser schon früher angeeignet haben. Darüber hinaus zeigen sie, wie flexibel sie sind, weil sie kurzerhand einen neuen Lösungsweg ausprobieren. Bemerkenswert ist auch ihre Impulskontrolle: Sie müssen sich – zum Erreichen der lockenden Erdnuss – kurzzeitig vom eigentlichen Problem entfernen, um zur Lösung zu gelangen.

Eine weitere relevante Fähigkeit ist die der Objektpermanenz – woher weiß etwa ein Fuchs, wenn eine Maus in einen Baum geschlüpft ist, dass sie immer noch da ist oder sogar aus welchem Loch sie anhand der Richtung, in die sie gelaufen ist, wieder erscheinen wird? Die Fähigkeit, zu wissen, dass etwas noch da ist, wenngleich es im Moment außer Sichtweite ist, ist beim Lösen von technischen Problemen in der Natur besonders beim Futterherausholen ausgesprochen wichtig. Der Fuchs muss nicht nur wissen, dass die Maus noch da ist, obwohl sie nicht mehr sichtbar ist, sondern auch ihre nicht-sichtbaren Bewegungen nachvollziehen können. Auch wenn wir etwas unter einem Kasten mit einem Stock hervorholen wollen, sehen wir die Verschiebung des begehrten Objektes nicht unbedingt während der Bewegung, die wir ausüben – und müssen dies mitbedenken.

Am Ende braucht es für gute tierische Erfinder die richtige Mischung an Zutaten. Welche es dann sind, das hängt von der Art des Tieres ab sowie davon, welcher Art das Problem ist, für das gerade eine Lösung benötigt wird.

DASSELBE AUS DER SICHT DES ANDEREN

Im vorherigen Kapitel habe ich davon erzählt, wie wichtig es uns aus wissenschaftlicher Sicht ist, Tiere zu vergleichen. Gleichzeitig ist es unsere Aufgabe und unsere Verantwortung in der Forschung, uns darüber

Gedanken zu machen, wie dieser Vergleich möglichst fair passieren kann. Zum Beispiel eine Saatkrähe in direkten Vergleich mit einem Schimpansen zu setzen, könnte bei technischen Aufgaben von der Planung her anspruchsvoll sein, weil Krähen nicht nur keine Hände haben, sondern auch neophober sind und es (zeit-)aufwendiger ist, sie mit neuen Versuchsaufbauten vertraut zu machen. Dazu kommt, dass manchen Tieren unabhängig von ihrer Anatomie bestimmte Dinge von Natur aus leichter fallen.

Wie schwierig der artübergreifende Vergleich ist, lässt sich auch an einem anderen Beispiel darstellen: Es fängt oft schon damit an, wie futterfixiert eine Tierart ist – und wie sehr man sie entsprechend mit einer Belohnung aus der Reserve locken kann. Der „Verspätete Gratifikationstest" (auch als „Marshmallow-Test" bekannt) ist ein klassischer Versuchsansatz für Impulskontrolle, bei der man durch Verzicht auf eine sofortige kleinere Belohnung eine größere Belohnung zu einem späteren Zeitpunkt erreichen kann. Dieser Test wurde bereits bei verschiedenen Arten durchgeführt.

Dabei wird dem Tier die erste Belohnung zur Verfügung gestellt und die Wartezeit zwischen den Belohnungen (mit zwei Sekunden angefangen) graduell verdoppelt. Wenn die erste Belohnung am Ende der Wartezeit noch komplett intakt ist, kann man sie gegen die andere tauschen. In der Literatur wird später die Sekundenzahl, die unterschiedliche Arten auf verspätetes, besseres Futter gewartet haben, als Maßstab für ihre Impulskontrolle verwendet. Klingt eigentlich logisch – aber diese Interpretation kann durchaus problematisch sein.

Ein Beispiel wäre ein direkter Vergleich zwischen zwei Versuchen, die von Forschenden der Universität Straßburg und Wien an Raben und Krähen und später von uns an Kakadus durchgeführt wurden. Die Raben und Krähen warteten dabei bis zu fünf Minuten auf ihr verspätetes, besseres Futter, die Kakadus dagegen „nur" zwei Minuten.

Bei derartigen Versuchen ist es wichtig, dass man nur Belohnungen verwendet, die die Tiere immer zuverlässig essen. Wenn man ein Kind vor die Wahl stellt, eine Handvoll Gummibärchen nach zwei Minuten gegen eine Tafel Schokolade zu tauschen, mag ihm das schwerfallen. Verwendet man aber statt den Gummibärchen ein Spinatbällchen, das sowieso gerne an den Tellerrand geschoben wird, ist nicht viel Impulskontrolle nötig, um den Test zu bestehen.

Kakadus können beim Essen recht mäkelig sein, lieben aber zuverlässig Nüsse. Cashews sind ihre Favoriten, dicht gefolgt von der Pekannuss, doch der Wertunterscheid zwischen den beiden ist für die Tiere vermutlich nicht sehr groß. Raben wiederum fahren total auf Wurst ab, sind aber generell nicht so pingelig wie die Kakadus, wenn es um Futter geht. Da sie auch verlässlich ein Stück Brot essen, wurde dies in diesem Fall als erste Belohnung verwendet. Man kann aber annehmen, dass der Wertunterschied zwischen einem Stück Brot und einem Wurststück größer sein dürfte als zwischen den zwei unterschiedlichen Nüssen.

Zudem haben sie eine angeborene Tendenz dazu, Futter in Löchern zu verstecken, um es später unbeobachtet aufzuessen. Wie Sie sich vorstellen können, war es für die Raben entsprechend ein weniger großes Problem, auf die zweite Belohnung zu warten. Sie taten das, was in ihrer Natur liegt: Sie legten die Brotstücke ab oder versteckten sie sogar so, dass sie diese nicht einmal sehen mussten, und holten sie wieder hervor, wenn gegen Wurst getauscht werden konnte. Die Kakadus hingegen, die keinen natürlichen Hang dazu haben, Futter zu verstecken, standen mit der Pekannuss im Schnabel direkt an ihre Geschmacksorgane gedrückt. Man stelle sich vor, man würde ein Kind auffordern, die Gummibärchen im Mund zu halten – ohne daran zu kauen! –, bis die Tafel Schokolade kommt …

Die Kakadus zeigten beim Warten allerdings interessantes Verhalten, das wie eine strategische Selbstablenkung wirkte: Der eine sprang permanent von der Stuhllehne auf den Tisch und wieder zurück, der nächste drehte die Pekannuss wie wild im Schnabel, und wieder ein anderer versuchte, die Pekannuss der testenden Forscherin, Isabelle Laumer, vorzeitig in die geschlossene Faust zu drücken.

Ist nun die Schlussfolgerung, dass ein Kakadu weniger Impulskontrolle hat als eine Krähe? Beide Versuche sind wichtig, um zu zeigen, dass Impulskontrolle bei diesen Tieren generell vorhanden ist, und auch direkte Vergleiche sind aus zuvor genannten Gründen unabdingbar.

Jedes Experiment ist jedoch im jeweiligen Kontext zu sehen, und Versuche müssen stets unbedingt an die Tierart angepasst werden. Und: Es gibt im Regelfall auch keine allgemeingültige Achse, auf der genau markiert werden kann, zu welchem Grad eine spezielle Art über eine spezielle Fähigkeit verfügt! Unterschiedliche Objekte laden unterschiedliche Arten und Individuen zu unterschiedlichem Nutzungsverhalten ein. Dabei spielen immer auch deren Anatomie und Ökologie eine Rolle. Aber was passiert dann, wenn der Funke überspringt?

4

WENN DER FUNKE ÜBERSPRINGT

Eine der Fabeln von Äsop, zweieinhalbtausend Jahre alt, wird heute von intelligenten Tieren vielleicht wieder neu geschrieben: In einem besonders heißen Sommer trocknen alle Quellen und Bäche aus, die Krähe findet nirgends etwas zu trinken. Als sie am Abend völlig geschwächt auf einer Türschwelle einen Tonkrug entdeckt, steckt sie gierig ihren Kopf hinein – kann aber das Wasser nicht erreichen. Der Krug ist nur halb voll. Da entdeckt sie einen Haufen kleiner Steine in der Nähe und beginnt, die Steinchen, eines ums andere, in den Krug zu werfen. Der Wasserspiegel steigt bis zum Rand des Tonkruges und die Krähe kann ihren Durst stillen.

Haben die Äsopschen Fabeln häufig moralischen Anspruch – hier etwa: nur mit Ausdauer und Köpfchen kommt man ans Ziel –, könnte es sich bei dieser Geschichte jedoch genauso gut um eine tatsächliche Begebenheit handeln. Ich als Kognitionsbiologin würde viel dafür geben, eine solche Situation im Freiland mitzuerleben. Dieser eine teure Moment, nämlich der, in dem der Funke überspringt, die eigentliche Innovation passiert, besteht dabei wohl immer in der Entdeckung einer Gelegenheit. Doch ist es uns – wie in Kapitel 1 erwähnt – bei Weitem nicht immer gegeben, diesem Moment beiwohnen zu dürfen.

EIN STREIFZUG DURCH DIE LITERATUR

In der Wissenschaft haben wir deshalb auch verschiedene andere Methoden entwickelt, um den tierischen Erfindergeistern auf die Schliche zu kommen. Welche Arten von Innovationen gibt es überhaupt bei Tieren? Wie sind sie auf ihr innovatives Verhalten gekommen? Haben sie auch eine Art von Heureka-Moment? Und worauf müssen wir achten, wenn wir unsere Beobachtungen interpretieren? In diesem Kapitel nehme ich Sie mit auf einen kleinen Streifzug hinter die Kulissen der Erforschung des innovativen Verhaltens.

Doch zuerst geht es einmal darum, überhaupt aufs Radar zu bekommen, was wir schon darüber wissen, was Tiere so alles draufhaben – was an innovativem Verhalten also vorhanden ist bzw. bereits beobachtet und aufgezeichnet wurde. Eine kanadische Forschungsgruppe rund um Louis Lefebvre hat sich zu diesem Zweck auf eine Methode spezialisiert: Sie durchsucht in einer standardisierten Literaturrecherche Datenbanken, in denen verhaltensbiologische und ornithologische Journale gespeichert sind, auf Schlüsselbegriffe wie „neu" oder „innovativ". Deshalb heißt diese Methode auch „Schlüsselwort-Forschung". Für die auf Vögel spezialisierte Forschung hat sie etwa die Avian Innovation Database angelegt, in der inzwischen mehrere tausend Beispiele für innovatives Verhalten in der Vogelwelt gespeichert sind.

Die dort gesammelten Aufzeichnungen aus der Wissenschaft und der Vogelbeobachtung aus aller Welt werden auf ihre Stichhaltigkeit überprüft und die darin gewonnenen Erkenntnisse in Kontext mit anderen Messungen gesetzt. Daraus lässt sich auf die Phylogenie (das ist die Stammesgeschichte) von Erfindungsreichtum schließen, also wie innovatives Verhalten über verschiedene Gruppen von Tieren ausgebreitet ist. Unter den Vögeln stechen in der Menge ihrer Erfindungen zum Beispiel besonders Rabenvögel und Papageien heraus, bei den Primaten sind es die Großen Menschenaffen.

Man kann die gewonnenen Daten aber auch für etwas anderes verwenden: um festzustellen, welche Eigenschaften verschiedene Tiergruppen, die sich als besonders innovativ zeigen, gemein haben. Zum Beispiel sind bei den erwähnten Primaten und Vogelarten bestimmte Gehirnbereiche vergrößert, die die Assoziationsbildung erleichtern. Auch ökologische Faktoren wie die Fähigkeit verschiedener Vogelarten, sich an veränderte oder neue Umgebungen anzupassen, korrelieren positiv mit ihrer Innovationsrate. Übrigens: Je erfinderischer eine Art, desto mehr Erfolg haben diese Vögel auch bei invasivem Verhalten, das heißt, wenn sie in neue Lebensräume vordringen. Erfindergeist macht zumindest einige anpassungsfähiger.

Für mich sind diese Literaturstudien immer wieder deshalb interessant und wichtig, weil sie uns erlauben, Innovation unter einem besonderen Blickwinkel zu betrachten: So lernen wir etwas über die Verbreitung von erfinderischem Verhalten in verschiedenen Tiergruppen und über dessen Funktion. Freilich tolerieren wir bei solchen Studien eine kleine Fehlerquote, da sie auch Anekdoten enthalten und manchmal Phänomene mitaufgenommen werden, die uns zwar neu erscheinen, die aber eigentlich schon im existierenden Repertoire einer Spezies vorhanden waren, bloß kannten wir sie noch nicht.

ANSPRUCHSVOLLE AFFEN UND KULINARISCHE KAKADUS

Wie bereits erwähnt, erkennt man eine Innovation oft daran, dass sie noch nicht in der gesamten Gruppe von Tieren vorhanden ist, sondern sich im Prozess der Ausbreitung befindet. Während uns die Literatursuche also erlaubt, etwas über die Verbreitung von Innovation bei verschiedenen Tiergruppen zu lernen, ermöglicht uns die aufzeichnende Beobachtung, ein neu aufgetauchtes Verhalten genauer zu analysieren. Denken wir dafür nur an das Mülltonnenöffnen der Gelbhaubenkakadus in Sydney oder das Milchflaschenöffnen der Blaumeisen in Großbritannien. Besonders interessante Innovationsbeispiele waren für mich aber auch schon immer solche, in denen kulinarisch begabte Tiere neue Methoden entdeckten, Futter zu „verbessern“, obwohl es eigentlich schon im unbehandelten Zustand essbar ist. Also: Essenszubereitung!

Das wohl berühmteste Beispiel dafür ist das Waschen von Süßkartoffeln, das bei einer wildlebenden Gruppe von Makaken auf der japanischen Insel Koshima in den frühen 1950er-Jahren entdeckt wurde. Ein junges Weibchen namens Imo trug damals eine dreckige Süßkartoffel zu einem kleinen Bach und wusch sie mit beiden Händen, um sie dann sauber zu genießen. Imos Reinlichkeit färbte ab: Das Waschen breitete sich innerhalb von einiger Zeit auf die ganze Truppe aus. Ähnliches Verhalten konnte auch bei Primaten in Zoos beobachtet werden: Schimpansen wuschen dreckige Äpfel an Wasserstellen, und als man ihnen eine Mischung aus Choco Pops und Sand vorsetzte, ließen sie – wie ein Goldgräber im Klondike-Fluss – den Sand im Wasser durch ihre Hände nach unten schwemmen, bevor sie sich über das aufschwimmende „gesunde Frühstück" hermachten.

Waschen ist aber nicht die einzige Funktion der Essensvorbereitung, für die erfinderische Tiere Wasser verwenden. Einige Vogelarten, besonders Krähen und Papageien, wurden immer wieder dabei beobachtet, dass sie hartes Futter in Wasser legen, um es aufzuweichen. Das konnte bei Grackelvögeln sogar experimentell gezeigt werden: Wenn man ihnen weiches Brot gab, aßen sie es ohne weitere Bearbeitung. Getoastetes Brot hingegen wurde vor dem Verzehr sorgsam in Wasser aufgeweicht, so wie wir einen Keks in den Kakao tauchen.

Ähnliches Genussverhalten wurde von unserem PhD-Studenten Jeroen Zewald in unserer Kakadugruppe in Österreich beobachtet: Zum Mittagessen bekommen die Tiere Papageienpellets, verschiedene Samen und Trockenfrüchte sowie Zwieback. Einige Tiere begannen, den Zwieback von den Futterschüsseln zu den Wasserschüsseln zu tragen, legten ihn dort hinein und wendeten ihn nach einer gewissen Zeit, sodass die andere Seite auch einweichte. Erst dann machte man sich an den Verzehr. In diesem Fall wollte Jeroen es natürlich nicht nur bei der Beobachtung belassen, sondern auch auswertbare Daten sammeln, die tatsächlich zeigen, dass die Funktion des Verhaltens das Aufweichen ist.

Das veranlasste Jeroen zu penibler Vorarbeit: Um zu testen, wie viel Wasser der Zwieback in welcher Zeit aufsaugen würde, ließ er Zwiebackstücke unterschiedlich lange einweichen und wog sie dann auf der Laborwaage im Medizinlabor unseres Institutes ab. Ich wüsste bis heute gerne, was sich unsere Kolleg*innen dort gedacht haben, als sie den jungen Herrn im Laborkittel beobachteten, der mit todernstem Gesichtsausdruck und einer Stoppuhr in der Hand an einen Faden gebundene Zwiebackstücke erst wie Teebeutel in eine Tasse tauchte und sie dann auf die Laborwaage legte …

Wie auch immer: Seine Bemühungen lohnten sich. Die Kakadus tauchten die Zwiebackstücke offenbar tatsächlich ein, um sie aufzuweichen. Dies zeigte sich nicht nur an der Dauer, die der Zwieback eingetaucht wurde, sondern auch daran, dass die Kakadus, die das Eintauchen praktizierten, ihren Zwieback fast nie ohne Wasser aßen – das andere Futter aber sehr wohl. Inzwischen können wir auch beobachten, wie sich das Verhalten auf andere Tiere in unserer Gruppe ausbreitet.

Die wohl seltenste Funktion von Futterzubereitung ist das Würzen. Über diese Art von tierischer Erfindung wurde ein einziges Mal bei Primaten, ebenfalls bei den Koshima-Makaken berichtet: Während die Makaken ihre Süßkartoffeln die ersten Jahre nur im Bach wuschen, fingen gegen Ende der 1950er-Jahre einige von ihnen an, die Kartoffeln auch – und am Ende fast ausschließlich – im Meer zu waschen. Anfang der 1960er-Jahre gingen alle von ihnen nur noch zum Strand zum Kartoffelwaschen.

Die Forschenden konnten dort beobachten, dass die Makaken immer wieder von den Süßkartoffeln abbissen, bevor sie diese wieder ins Wasser tauchten. Daraus schlossen sie, dass das Tauchen in Salzwasser möglicherweise neben dem Waschen auch die Zusatzfunktion haben könnte, den Kartoffeln einen salzigen Geschmack zu geben. Leider bleibt dies aber eine anekdotische Vermutung mit der alternativen Erklärung, dass der Bach, in dem vorher gewaschen wurde, ausgetrocknet sein könnte oder dass das Waschen im Meer einfach praktischer, weil besser zugänglich ist.

Bei den Kakadus entdeckten wir vor etwa einem Jahr zufällig schon wieder eine Erfindung, die mit Essen zu tun hatte. Diesmal stammt die erste Beobachtung von meiner kleinen Tochter, die Geschichte wurde aber wieder von Jeroen, der inzwischen Experte in der Kakadu-Kulinarik war, nachverfolgt. Die Tiere bekommen zum Frühstück Obst, gekochtes Gemüse und Nudeln sowie etwas Sojajoghurt. Einige Kakadus – interessanterweise andere als jene, die den Zwieback in Wasser getaucht hatten – trugen ihre Spiralnudeln zum Joghurt und wälzten sie förmlich darin, bevor sie sie gut mit Joghurt bedeckt und rosafarben aßen. Jeroen stellte daraufhin drei unterschiedliche Schüsseln auf: die eine mit Blaubeerjoghurt, eine mit neutralem Joghurt und eine mit Wasser. Die Kakadus trugen die Nudeln zum Blaubeerjoghurt.

Auch zeigten sie im Gegensatz zum Zwiebacktauchen ein anderes Verhalten: Sie legten die Nudeln nicht bloß in den Joghurt, sondern sie rollten sie darin herum. Auch wurden zuerst nur Nudelteile gegessen, die mit Blaubeerjoghurt bedeckt waren, und manchmal auch wieder neu eingetaucht, wenn kein Joghurt an den Nudeln mehr übrig war, etwa so, wie es ein Kind mit dem Ketchup übertreibt. Sie scheinen also tatsächlich die zwei Geschmäcker verbinden zu wollen.

Obgleich es interessant ist, Erfindungen, die Tiere selbst machen, zu studieren, können wir das jeweilige Verhalten nicht vom Moment der Erfindung, der eigentliche Entdeckung der Gelegenheit, an nachvollziehen. Dafür muss man Tieren Aufgaben stellen, die ihnen künstliche Innovationsmöglichkeiten bieten.

EIN GEWINNSPIEL MIT MEHRWERT FÜR DIE FORSCHUNG

Es gibt dabei natürlich auch etwas zu gewinnen. Für einen Kakadu ist es vielleicht ein Cashewkern, für einen Schimpansen eine Rosine oder für eine Krähe eine köstliche Käferlarve – je nach Tierart oder sogar persönlichen Vorlieben der einzelnen Tiere.

Und dann geht es um die Frage: Können die Tiere ein neues technisches Problem vor laufender Kamera im kontrollierten Versuch lösen?

Der niederländische Verhaltensforscher Niklaas Tinbergen bemerkte bereits 1963, dass man ein tierisches Verhalten, um es wirklich zu verstehen, sowohl vom „ultimativen" als auch vom „proximalen" Level aus betrachten sollte.

Ein typisches Beispiel dafür ist die Frage, warum die Titanic untergegangen ist. Eine proximale Antwort darauf wäre, dass durch einen 90 Meter langen Riss in den Bug Meerwasser durch die unteren Abteilungen des Schiffes nach oben floss. Eine ultimative Antwort wäre, weil sie eben einen Eisberg gerammt hat. Ultimative Fragen zu Verhalten betreffen also eher die Funktion (und den Stammbaum) eines Verhaltens im evolutionären Sinn, proximale Fragen dagegen die Entwicklung und Mechanismen von Verhalten.

Wenn wir uns zum Bespiel die erwähnten Literaturrecherchen ansehen, zeigen diese, wie Erfindungen innerhalb einer Tiergruppe stammesgeschichtlich verteilt sind. Dabei handelt es sich also eher um einen ultimativen Ansatz. Stellen wir aber Tiere vor neue Probleme, wird das im Regelfall gemacht, um Erfindungen aus einem proximalen, mechanistischen Blickwinkel zu betrachten. Es dient nicht nur dazu, zu testen, ob die Tiere eine Lösung zu einem neuen technischen Problem finden können, sondern auch wie.

Zum Beispiel bei der String-Pulling-Task, einem fast schon klassischen Experiment der Kognitionsforschung, das klären soll, ob Tiere zweckgerichtet handeln. Dabei soll ein Individuum (wenn es um kooperative Fähigkeiten geht, auch zwei Tiere) an eine an einer Schnur befestigte Belohnung kommen. Die Schnur ist allerdings so lang, dass die Tiere den an ihr hängenden Leckerbissen nicht einfach mit einem Zug hochziehen können. Unterschiedliche Tierarten haben dafür unterschiedliche Lösungen gefunden.

Corviden wie Raben und Krähen bilden etwa Schlaufen mit der Schnur, auf die sie dann steigen (Steigmaschen). Bei Kakadus haben wir diese Technik auch schon gesehen, manche laufen aber auch zur Seite weg, um die Schnur durch ihren Schnabel weiter hochfädeln zu können.

Wie lässt sich aber nun testen, ob die Tiere erkennen können, dass die Schnur und die Belohnung miteinander verbunden sind, oder ob sie einfach nur an der Schnur ziehen, weil sie direkt über der Belohnung hängt? Dazu werden dem Tier zwei sich überkreuzende Schnüre vorgesetzt, und nur an einer – der weiter entfernten – hängt eine Belohnung. Erkennen die Tiere die Schnur, an der sie ziehen müssen (oder, allgemeiner: die Gelegenheit, die sie ergreifen müssen), um an den Leckerbissen zu kommen? Und in weiterer Folge: Verstehen sie auch einfache physikalische Grundsätze dahinter?

WARUM DIE KRÄHE DEN ERSTEN STEIN WARF

Um eine Antwort auf diese Frage zu erhalten, behelfen wir uns gerne mit verschiedenen Taktiken, die die Basis vieler Studien bilden, zum Beispiel die, eine Kontrollgruppe zu definieren. Wir teilen die Tiere also in eine Testgruppe, die einen Wissensvorsprung bekommt, und in eine Kontrollgruppe, anhand derer wir die Unterschiede zur Testgruppe aufgrund der anderen Behandlung „kontrollieren“ können.

In Cambridge testeten zwei Forscher, Chris Bird und Nathan Emery, Saatkrähen mit folgender Grundaufgabe: In einem vertikalen Rohr befand sich eine kippbare Plattform, auf der Mehlwürmer platziert waren. Warfen die Krähen genug große Steinchen ins Rohr, kippte die Plattform nach innen und die Mehlwürmer rutschten am anderen Rohrende heraus. Die Forscher konnten zeigen, dass die Krähen sehr gut darin waren, Steine und Stöcke in der richtigen Größe und mit dem richtigen Gewicht auszusuchen, um das Problem zu lösen.

Doch wie sprang der erste Funke über? Die so erfolgreichen Krähen hatten zuvor alle dieselbe Vorerfahrung gemacht, ehe sie das Problem lösen durften: Sie hatten gelernt, dass Steinchen, die sie unabsichtlich am oberen Rohrrand hineingeschubst hatten (der Eingang des Rohres war zu dem Zweck mit einer Art Tellerrand versehen worden), unten als Mehlwürmer wieder herauskamen. Die Forscher wussten also noch nicht: Verstanden die Vögel auch, dass in der Box eine Plattform war, die heruntergedrückt werden musste?

In einer andere Studie in Bayern, die übrigens von meiner Schwester Auguste geleitet wurde, wurden daraufhin einige Neukaledonische Krähen als Testgruppe trainiert: Sie erhielten als Vorerfahrung eine Apparatur mit einem verkürzten Rohr, bei dem man die innere Plattform direkt mit dem Schabel herunterdrücken konnte, ganz ohne einen Stein hineingeworfen zu haben. Der Kontrollgruppe fehlte diese Vorerfahrung. Danach bekamen es beide Gruppen mit der ursprünglichen Box mit dem langen Rohr zu tun. Das Ergebnis war: Nur wenn die Krähen den Kipp-Trick mit dem Schnabel erlebt hatten, warfen sie auch Steine in das Rohr. Das heißt, sie ersetzten den Druck mit dem Schabel durch Druck mit den Steinen – und hatten nicht einfach nur die Steine mit Futter assoziiert.

Solche Kontrollgruppen-Aufgaben funktionieren sehr gut mit grundsätzlich skeptischen oder: neophoben Tieren wie den Krähen. Die erste Aktion, die sie angesichts eines neu vorgesetzten Objekts zeigen, ist für uns nämlich die ausschlaggebende. Mit neugierigen Keas oder Orang-Utans sind solche Aufgaben schwieriger zu beurteilen: Sie spielen oft erst einmal eine Zeit lang herum, ohne dass wir wissen, was sie dazu tatsächlich motiviert. Das Futter? Oder doch die schiere Freude am Untersuchen? Auch muss man für Kontrollgruppen-Aufgaben immer mehrere Tiere zur Verfügung haben, da man sie in zwei oder mehr Gruppen aufteilen muss.

WENN KAPUZINERAFFEN IN DIE RÖHRE SCHAUEN

Hier kommt eine zweite Taktik ist Spiel, die sogenannte Transfer-Aufgabe. Alle Tiere bekommen so viel Erfahrung mit der ursprünglichen Aufgabe, wie sie brauchen, um diese zu lösen. Damit ist dann meistens auch ihre Neugier gesättigt. Erst danach werden kleine Teilaspekte, die entweder für die Lösung relevant sind oder nicht, dazugegeben oder entfernt, um herunterbrechen zu können, was die Tiere während des Lösungsprozesses gelernt haben.

Dazu ein Beispiel, das wir schon in Kapitel 1 kennengelernt haben: die „Trap Tube". Sie erinnern sich? Das war die waagrechte Röhre mit der Falle in der Mitte. Die Belohnung wird am Rand der Falle platziert und die Tiere müssen sie von der richtigen Seite zu sich ziehen oder schieben, damit sie nicht unerreichbar in die Vertiefung fällt. Wenn Tiere also imstande sind, diese Aufgabe zu lösen, wird es mit einer kleinen Veränderung ein bisschen schwieriger, um Folgendes herauszufinden: Verstehen sie, dass hier die Oberfläche unterbrochen ist?

Ende der 1990er-Jahre erhielten Kapuzineraffen von den römischen Forschenden Elisabetta Visalberghi und Luca Limogelli die erste Trap-Tube-Aufgabe: Die Affen waren drauf trainiert, ein Stöckchen-Werkzeug zu verwenden. Dieses mussten sie auf der einen Seite, wo die Falle vor der Belohnung war, hineinstecken und damit das Futter zur anderen Seite hinausschieben. In vielen Trials, also Übungsversuchen, hatte eines der Tiere namens Roberta gelernt, das Stöckchen auf der richtigen Seite in das Rohr zu stecken, um an die Belohnung zu gelangen.

Dabei könnte sie assoziativ gelernt haben, dass sie nicht von der Seite aus, wo die Belohnung liegt, in die Röhre stochern muss, sondern immer von der anderen Seite der Falle, ohne zu verstehen, dass der Grund für den Verlust der Belohnung die Unterbrechung des Untergrundes durch die Falle war. Deshalb ließen sich die Forschenden etwas

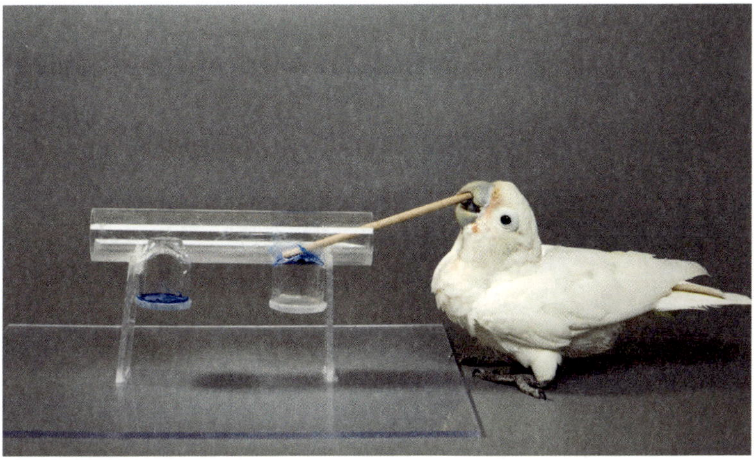

Figaro versucht, die in der „Trap Tube" liegende Belohnung trotz der Hindernisse aus dem Rohr zu schieben.

einfallen: Sie drehten die Röhre um 180 Grad, sodass die Falle nach oben ragte – und somit unwirksam wurde!

Wie reagierte Roberta? Tja, sie hatte – wie schon vermutet – die Aufgabe offenbar nicht ganz durchschaut und behielt ihr gewohntes Verhalten bei, von der anderen Seite der Röhre zu stoßen. Allerdings gibt es einige andere Tierarten, die in der Trap-Tube-Aufgabe besser abschnitten: Einzelne Große Menschenaffen konnten sie in verschiedenen Aufgabenstellungen richtig lösen; doch waren sie besser dabei, wenn sie die Belohnung zu sich ziehen konnten (und sie nicht von der Falle wegstoßen mussten). Und sie kamen zu noch besseren Ergebnissen, wenn sie dafür nicht ein Werkzeug verwenden mussten, sondern die Belohnung mit ihrem Finger direkt vorantreiben konnten.

Ansätze wie die der Kontrollgruppen und der Transfer-Aufgaben werden verwendet, um Verhalten nach kognitiven Prozessen zu scannen. Wir untersuchen also, inwiefern Tiere die Physik, die einem technischen Verhalten unterliegt, auf einem einfachen Niveau verstehen können. Diese physikalischen Umstände können sehr spezifisch sein, zum Beispiel suchen wir nach einem Verständnis von Objektpermanenz, Oberflächenkontinuität, Gestaltwahrnehmung, den physischen Eigenschaften von Gewicht, Auftrieb und so weiter.

Oft zielen die Tests aber auch auf breitere Prozesse ab, die auf viele Situationen zutreffen können, etwa auf ein Verständnis von Ursache und Wirkung, auf zweckgerichtetes Handeln oder auf „Einsicht“. Die klassische Strategie der Forschung bestand darin, die Kontrollgruppen oder Transfertests so anzusetzen, dass man Prozesse assoziativen Lernens (etwa: der Kapuzineraffe hat einfach gelernt, der Falle auszuweichen, egal ob sie gerade relevant ist oder nicht) ausschließen kann, um eine kognitive Erklärung zu argumentieren (dass zum Beispiel ein Schimpanse in einer Trap-Task die Kontinuität einer Oberfläche verstanden hat).

In der Wissenschaft müssen wir uns bewusst sein: Wann immer wir Schlüsse aus dem Verhalten von Tieren ziehen, müssen wir äußerst behutsam vorgehen. Es wird dazu oft der Grundsatz namens „Morgan’s Canon“ (nach dem britischen Zoologen C. Lloyd Morgan) zitiert. Er besagt, dass wir nicht zu komplizierteren Erklärungen greifen sollen, wenn sich das Verhalten von Tieren einfach erklären lässt. Es kommt schließlich durchaus vor, dass wir im Zusammenleben mit Tieren ihr Verhalten überinterpretieren oder vermenschlichen. Daher sollten wir besonders vorsichtig sein und uns an Beobachtungen und statistische Ergebnisse unserer Versuche halten.

Gleichzeitig möchte ich betonen, dass man, bloß weil man sich an Morgans Kanon hält, es nicht gleich als gegebene Tatsache annehmen muss, dass ein Tier, welches einen Test nicht im ersten Versuch besteht, nicht kognitiv in der Lage ist, eine ähnliche Aufgabe in einem anderen Format zu meistern. Nur zu oft haben wir selbst bei der Aufgabenstellung nicht gut mitgedacht und müssen ein Tier in Folgeversuchen auf eine andere Weise testen. Meistens sind es gerade die Fehler, die ein Tier im ersten Versuch macht, die uns zeigen, wie wir den Versuch besser aufsetzen können.

Zudem sollte man immer bedenken, dass auch wir Menschen viele technische Probleme zunächst mit assoziativem Lernen lösen, bevor wir kognitive Prozesse anwenden und diese verstehen. Stellen wir uns zum Beispiel vor, dass Sie als kleines Kind zum ersten Mal eine Schiebetür aufmachen. Ich bin mir sicher, sie wären damals nicht hingegangen, hätten die Situation sorgfältig analysiert und dann sofort alles richtig gemacht. Wenn Sie ein durchschnittliches Kind waren, probierten Sie zuerst vielleicht etwas herum und assoziierten nach einiger Zeit eine bestimmte Richtung der Bewegung mit dem gewünschten Erfolg, das Hindernis zu beseitigen. Wenn die Schiebetür aber plötzlich einmal steckenblieb, weil vielleicht ein Stein in die Zugschiene gefallen war, fingen sie vielleicht zum ersten Mal an zu verstehen, dass die Schienen die Richtung der Tür vorgeben und der Stein somit ursächlich für das Steckenbleiben ist.

Warum sollten Tiere anders vorgehen? Dazu kommt, dass das Ausschließen assoziativer Erklärungen durchaus nicht garantiert, dass man deswegen versteht, wie das Verhalten eigentlich wirklich funktioniert. Das kann besonders gefährlich sein, wenn wir nach breiten Prozessen suchen.

Natürlich liegen wir nicht immer richtig. In der Wissenschaft kennen wir in dem Zusammenhang zwei Phänomene, nämlich den „Falsch-positiven Fehler" (Typ I) und den „Falsch-negativen Fehler" (Typ II). Bei Ersterem ist es so, dass man, wenn man etwas beobachtet, das sieht, was man sehen will, und dies dann als Evidenz beschreibt. Etwa: Immer, wenn ich Eis esse, ist das Wetter warm. Also gibt es warmes Wetter, weil ich Eis esse (Typ I). Umgekehrt würde ein existierender Effekt verneint (Typ II). Während unkontrollierte Experimente und waghalsige Interpretationen von unklaren Ergebnissen die Gefahr eines Typ-I-Fehlers erhöhen, kann eine unsachgemäße Auslegung von Morgans Kanon zu Typ-II-Fehlern führen.

Persönlich versuche ich, nicht blindlings herumzustochern, sondern stattdessen nach möglichst spezifischen kognitiven Prozessen zu suchen, mit den Interpretationen meiner Ergebnisse vorsichtig umzugehen. Auch versuche ich, nicht nur aus dem Ergebnis, sondern auch aus dem Prozess meiner Experimente zu lernen, auch wenn sie vielleicht nicht immer so laufen, wie wir uns das am Anfang vorgestellt haben. Es ist immer möglich, dass Tiere viel mehr verstehen, als wir in einem Versuch zeigen können, nur haben wir noch nicht in allen Fällen die idealen Optionen, es zu testen. Das Ziel ist es, die Tests gegebenenfalls zu verbessern.

VON KRÄHEN, AFFEN UND DEM ARCHIMEDISCHEN PRINZIP

Darf ich Sie noch einmal ins Altertum mitnehmen? Von dem griechischen Gelehrten Archimedes heißt es der Legende nach, er sei nach einer seiner wichtigsten Entdeckungen splitterfasernackt durch die Straßen von Syrakus (Sizilien) gelaufen und habe immer wieder „Heureka“ gerufen, was so viel wie „Ich hab's!“ bedeutet. In der Badewanne soll ihm plötzlich das heute als „Archimedisches Prinzip“ bekannte physikalische Gesetz in den Geist gekommen sein. Das Prinzip besagt, dass der Auftrieb eines Körpers im Wasser genauso groß ist wie die Gewichtskraft des vom selben Körper verdrängten Wassers.

Könnte so ein Heureka-Moment plötzlicher Erkenntnis auch der Krähe aus Äsops Fabel widerfahren sein? Diese Frage stellte sich unter anderem eine Forschungsgruppe aus Cambridge. Und tatsächlich: Als sie ihren Saatkrähen ein aufrechtes, mit Wasser gefülltes Rohr mit einer schwimmenden Belohnung präsentierte, warfen diese spontan so viele Steine hinein, wie nötig waren, um an ihr Essen zu kommen, ähnlich wie die in Kapitel 3 erwähnten Orang-Utans Wasser in ein Rohr hineinspuckten, um eine Erdnuss mit dem Wasserlevel zu heben.

Die Magie von Entdeckungen oder Innovationen verleitet in den Kognitionswissenschaften immer wieder

Ludwig Huber und meine Schwester Auguste vor dem alten Haus des Gestaltpsychologen Wolfgang Köhler auf Teneriffa.

dazu, auch Tieren Momente spontaner Erkenntnisse zuzusprechen. Im Fachjargon werden solche spontanen Lösungen oft als „Einsicht" bezeichnet. Bei der Erfahrung solcher Einsicht ereilt einen ganz plötzlich, wie bei Archimedes oder, popkultureller, bei „Wickie und den starken Männern" die Lösung zu einem Problem. Einsicht ist also oft (aber nicht immer) durch einen emotionalen „Aha"- oder, wenn man halt Grieche ist, einen „Heureka"-Moment gekennzeichnet, der von einer Weitung der Pupillen und einem Gefühl der Überraschung begleitet wird.

Diese Beschreibung, was Einsicht ist, wurde früh in der Gestaltpsychologie verwendet, genauer von Wolfgang Köhler und Graham Wallas. Köhler testete in seinen jungen Jahren Schimpansen auf der spanischen Insel Teneriffa. Unter anderem wurde in einem Gehege eine Banane an der Decke befestigt. Die Schimpansen versuchten zunächst die Banane durch Strecken und Springen zu erreichen. Als dies zu keinem Erfolg führte, hatten die Tiere laut Köhler einen Moment der Einsicht, von dem an sie, zunächst noch unkoordiniert, aber später immer geschickter auf eine bestimmte Taktik hinarbeiteten. In diesem Fall fingen sie an, mehrere Bananenkisten aufeinanderzustapeln und dann daran hinaufzuklettern.

Köhlers altes Haus auf Teneriffa, die Casa Amarilla, gibt es immer noch, doch ist sie, obwohl sie eigentlich unter Denkmalschutz stehen sollte, nur noch eine Ruine. Ich war 2018 mit meiner Schwester Auguste und meinem Kollegen Ludwig Huber dort und wir haben in dem völlig zerfallenen Innenhof spaßhalber ein paar Eimer aufeinandergestapelt, um an Köhlers Versuche zu erinnern.

Ein anderer Gestaltpsychologe, Graham Wallas, schlug zum Thema „Einsicht“ ein vierstufiges Modell des kreativen Denkens (Vorbereitung, Inkubation, Beleuchtung und Überprüfung) vor, das einen großen Einfluss auf das Verständnis von Problemlösungsprozessen hatte.

In den Neurowissenschaften wurde das Phänomen Einsicht, zumindest beim Menschen, noch genauer unter die Lupe genommen. Vor einigen Jahren hat sich ein Postdoc aus meinem Team, Antonio Osuna-Mascaro, mit der Interpretation von Einsicht in den Neurowissenschaften sowie in der Kognitionsbiologie intensiv auseinandergesetzt. Er kam zu dem Schluss, dass der Begriff in den Neurowissenschaften, die sich mit dem Aufbau des und den biochemischen Vorgängen im Gehirn beschäftigt, ganz anders gehandhabt wird als bei uns in der vergleichenden Kognitionsbiologie, wo es in erster Linie um die Beobachtung von Verhalten geht.

Das lässt sich etwa so erklären: Um zu einer neuen Lösung zu kommen, braucht es im Gehirn eine Umorganisation der geistigen Vorstellung, die wir bis jetzt von einem bisher scheinbar unlösbaren Problem hatten. In der Neurowissenschaft wird angenommen, dass bei Einsicht daher ein gänzlich unbewusster, jedoch sehr wohl messbarer geistiger Verarbeitungsprozess abläuft. Bildgebende Verfahren wie Neuroimaging zeigten, dass bei Einsicht insbesondere der Frontallappen unseres Gehirns aktiviert ist, in dem wir unsere Aufmerksamkeit kontrollieren.

Der Prozess von Einsicht lässt sich in zwei Schlüsselprozesse aufteilen: (1) das Durchbrechen einer sogenannten geistigen Sackgasse und (2) die unbewusste Bildung neuer geistiger Möglichkeiten, wie mit dem Problem umgegangen werden könnte, von denen letztendlich eine zur Lösung führen kann. Hier spielt der linke Frontallappen eine entscheidende Rolle dabei, die nicht-zielführenden geistigen Einstellungen zu unterdrücken, also der Sackgasse auszuweichen, während der rechte bei der Bewertung unterschiedlicher möglicher Lösungen hilft.

THOMAS EDISON UND WIE WIR UNSERE INNERE WELT UMKREMPELN

Laut der Predictive Processing Theory, der Theorie einer „vorausschauenden Verarbeitung", besitzt jeder von uns ein inneres Abbild der Welt in seinem Kopf. Werden wir nun mit einem Problem konfrontiert, mit etwas, das nicht diesem Abbild entspricht, versucht unser Gehirn laut dieser Theorie folgendermaßen Unsicherheiten zu minimieren: In einem „iterativen" Prozess werden ständig geistige Modelle oder Möglichkeiten auf die dauernd eintreffenden neuen Eingaben unserer äußeren Sinne angewendet und angepasst. Unser inneres Abbild der Welt wird also direkt beim Problemlösen millimeterweise verändert und gewandelt – bis es unserem Eindruck nach wieder der Realität entspricht.

Wenn aber nun eine Person in einem solchen Gedankenprozess in einer geistigen Sackgasse feststeckt, kommt es zu einer Unterbrechung der Sinneseingaben von außen. Das Gehirn strukturiert dennoch weiterhin seine geistigen Modelle um, ohne neue Informationen aus der Umwelt, und verfeinert sie. Dieser Prozess, in dem das Gehirn sein inneres Modell in Abwesenheit neuer Daten vereinfacht, läuft aber, anders als beim analytischen Problemlösen, oft völlig unbewusst ab. So etwas wie der berühmte Heureka-Moment bei Archimedes kann entstehen, wenn diese unbewusst überarbeiteten geistigen Modelle zu einer plötzlichen Erkenntnis der Lösung führen, welche dann an das Bewusstsein weitergeleitet wird: Hurra, wir haben uns doch noch aus der Sackgasse befreit! Das heißt also, dass Einsicht das Ergebnis der ständigen Verbesserung innerer Modelle durch unser Gehirn ist, selbst wenn wir uns derer nicht bewusst sind.

Interessanterweise wurde dieser Prozess mit der N-REM-Schlafphase in Verbindung gebracht, in der das Gehirn unwichtige Informationen reduziert und demnach seine geistigen Modelle vereinfacht. Im Übergangszustand zum tiefen Schlaf fängt unser Geist an zu wandern, und es ist ein besonders guter Zeitpunkt, um neue Ideen zu haben. Ein schönes Beispiel ist der berühmte Erfinder Thomas Edison. Um seine Kreativität anzufachen, machte Edison regelmäßig Nickerchen, während derer er in seiner Faust Metallkugeln hielt. Beim Einschlafen dachte er über ein ungelöstes Problem nach, das ihn gerade beschäftigte. Kurz bevor er vollkommen einschlummerte, fielen ihm die Kugeln aus der Hand und weckten ihn wieder auf, sodass er gegebenenfalls die frischen Ideen, die ihm im Dämmerungszustand gekommen waren, schnell aufschreiben konnte.

Wenn man diese Erkenntnisse aus den Neurowissenschaften bedenkt, ist es schwierig, Versuche zu entwerfen, die Einsicht bei Tieren überhaupt testen könnten. Experimente wie die von Köhler an Schimpansen oder die aus Cambridge an Krähen haben gezeigt, dass Tiere innovative Lösungen entwickeln können, die eine spontane Einsicht vermuten lassen. In unserem Feld wird Einsicht aber manchmal einfach als Standardergebnis verwendet, wenn sich etwas nicht durch assoziatives Lernen erklären lässt.

Diese Interpretation entspringt hauptsächlich der Definition von Einsicht des bedeutenden britischen Verhaltensornithologen William Thorpe aus den frühen 1960er-Jahren. Thorpe verstand Einsicht als plötzliche Reorganisation von Erfahrung, die sich nicht durch Versuch und Irrtum erklären lässt. Inzwischen würde ich sagen, dass diese Definition aufgrund neuer Erkenntnisse erweiterungsbedürftig ist. Es gilt zu bedenken, dass alle Probleme, die durch Einsicht gelöst werden können, theoretisch auch durch analytisches Denken aufgedeckt werden könnten. Zudem schließt Einsicht assoziatives Lernen nicht aus, sondern setzt es eigentlich sogar voraus.

So erfordert etwa die „Vorbereitungsphase" von Wallas das Sammeln von Erfahrung und das damit verbundene Assoziieren. Dem ist hinzuzufügen, dass Lösungen, die dank einer Einsicht entstehen, keineswegs automatisch schlauer oder besser sind als analytische Lösungen, sie bedeuten im Endeffekt nur, dass ein Teil des Denkprozesses im Unterbewusstsein stattgefunden hat. Es kann gut sein, dass eine Einsicht-Lösung am Ende in der Praxis gar nicht funktioniert und eine neue Lösung gefunden werden muss.

Erfindungen erscheinen also nicht wie von Zauberhand in unserem Kopf. Ob sie nun über einen bewussten oder teils unbewussten Gedankengang abgewickelt werden: Bei Primaten und einigen anderen Tieren scheinen sie sich ähnlich wie bei kleinen Kindern zu entwickeln. Sie erleben physische Gegebenheiten – etwa beim Explorieren, beim Objektspiel oder beim Zusehen von anderen –, dadurch lernen sie analytisch Zusammenhänge auf einfache Art zu verstehen. Sie merken sich diese und können sie flexibel neu zusammensetzen oder umstrukturieren, wenn sich entsprechende Gelegenheiten ergeben. Wenn wir, die Krähen oder Orang-Utans spielerisch etwas ins Wasser schmeißen , lernen wir über einen langen Zeitraum etwas. Zum Beispiel eben auch über Physik. Auch Archimedes wird am Tag seiner Entdeckung nicht zum ersten Mal gebadet haben. Hoffentlich.

TIERISCHES MULTITASKING

Dennoch bin ich davon überzeugt: Die kognitiven Vorgänge problemlösender Tiere können erforscht werden. Eine Schwierigkeit dabei ist, wie geschildert, der vergleichende Ansatz. Tiere verschiedener Arten haben nun einmal recht unterschiedliche Voraussetzungen, indes erlauben uns einzelne Versuchsdesigns nur, Tieren entweder eine Ja- oder Nein-Performance für eine bestimmte Aufgabe zuzuschreiben: Entweder haben sie eine bestimmte Versuchsanordnung gemeistert oder eben nicht.

Ein Ansatz, der seit zirka 15 Jahren angewendet wird, dreht sich darum, dieselben Tiere nicht nur in einer kognitiven Aufgabe zu testen, sondern ihnen eine ganze Batterie an verschiedenen Aufgaben vorzusetzen. Ein Beispiel dafür ist die sogenannte „Primaten-Kognitionstest-Batterie“, die 2007 von Forschenden um die Primatologin Esther Herrmann zum ersten Mal angewendet wurde. Die Batterie enthält sowohl Aufgaben, die kognitive Fähigkeiten im physischen Bereich (z. B. räumliche, kausale, quantitative Wahrnehmung) als auch im sozialen Bereich (soziales Lernen, Kommunikation) testen.

Dieselbe Batterie wurde zahlreichen Primatenarten vorgesetzt, darunter Menschenaffen, Alt- und Neuweltaffen sowie Lemuren, für Vergleiche zwischen eng und entfernt verwandten Arten im physischen und sozialen Bereich. Während eine entsprechend angepasste Version zeigte, dass Raben ähnliche Leistungen erbrachten wie höhere Primaten, schnitten Papageien, die im Loro-Park auf Teneriffa von der Kognitionsbiologin Anastasia Krashennikova, meiner Schwester Auguste und einigen ihrer Studierenden getestet wurden, in den meisten Tests schlecht ab. Dies war überraschend, da Papageien bei kognitiven Aufgaben in der Regel ähnliche Leistungen wie Primaten bei kognitiven Tests zeigen.

Bei ihnen kam zum Tragen, dass für sie die angebotenen Futter-Belohnungen gar nicht so interessant waren wie die neuen Versuchsaufbauten – die Belohnung war für sie vielmehr, die verschiedenen Objekte im Versuch bespielen zu können. Das kann dann aber, wie gesagt, nicht als Ausführung gewertet werden. Schon die berühmte Papageien-Forscherin Irene Pepperberg sagte, manche Papageien machen gerne Dinge falsch, weil für sie das Erforschen der Experimentapparatur mehr wert sein kann als die Belohnung mit einem Leckerbissen. Eine Beobachtung, die sie „Contrafreeloading“ nennt.

Ein Trend, der sich daher im letzten Jahrzehnt entwickelt hat, ist es, sich von der Bewertung von kognitiven Fähigkeiten bei Tieren in Ja-Nein-Manier abzuwenden und sich stattdessen oder zumindest zusätzlich auf den Prozess des Erfindens zu konzentrieren. Als Forschende sollten wir Tieren nicht nur Dinge vorsetzen und warten, ob sie etwas falsch oder richtig machen. Wir sollten uns auch der Aufgabe widmen, die Strategien von Tieren zu erkunden oder das Spektrum, entlang dessen sie ihre Umwelt erfahren, ob in einer Haltung oder im Freiland. Dazu gehören die unterschiedlichen Lösungstechniken, die verschiedene Tiere anwenden, die Art von Fehlern, die ihnen passieren und wie sie diese korrigieren, sowie ihre jeweilige Voreingenommenheit.

Um tierische Problemlösungsstrategien nachzuverfolgen, habe ich über die Jahre mit meinen Teams zwei neue Ansätze entwickelt. Der eine ist die in Kapitel 1 am Rand erwähnte Multi-Access-Box. Mit ihr geben wir Tieren unterschiedlicher Arten verschiedene Möglichkeiten, dasselbe Endresultat zu erreichen. Dabei geht es uns weniger darum, herauszufinden, welche kognitiven Mechanismen weit verbreitet sind, sondern eher um Fragen wie: Welche unterschiedlichen Strategien haben unterschiedliche Tierarten, wenn sie Lösungen „erfinden“?

Die Grundidee unserer Multi-Access-Box ist, dass sich nur eine Belohnung in der Mitte der Box befindet, die Box aber vier bis sogar sechs austauschbare Wände hat, von denen jede eine andere Möglichkeit darstellt, an die Belohnung zu kommen. Zum Beispiel ist eine Lösung eine Schnur, die um die Belohnung gebunden ist und die sich heranziehen lässt; eine andere ist ein Fenster, das man aufhebeln kann, und wieder eine andere ist ein Stock, den man durch ein Lock stecken kann. Jedes Tier kann sich am Anfang also aussuchen, welche Lösungen

Kea Kermit löst den Stockeingang (oben) und den Balleingang (unten) einer Multi-Access-Box.

Die Neukaledonische Krähe Uek vor dem Fenstereingang einer Multi-Access-Box.

es bevorzugt, und kann – nachdem die Belohnung nachgefüllt wurde – auch mehrmals bei derselben bleiben.

Nur wenn es dieselbe Lösung eine bestimmte Anzahl von Versuchen lang verwendet hat, tauschen wir die entsprechende Wand mit einer „defekten" Version derselben aus. Zum Beispiel ist das Loch, durch das man zuvor noch den Stock stecken konnte, nun blockiert. Das heißt: Irgendwann in dem Prozess trifft jedes Tier auch auf jene Lösungswege, bei denen es spontan feststeckt. Das erlaubt uns nicht nur zu sehen, ob die Tiere dann doch Lösungen finden, sondern auch, mit welchen sie am meisten Probleme haben.

Dazu kann man Spezies-spezifische Strategien identifizieren: Krähenvögel und Gorillas etwa, die etwas vorsichtiger sind, wählten eine sogenannte Win-Stay-Loose-Shift-Strategie. Sie blieben immer bei demselben Lösungsweg, bis wir diesen verbauten, und wählten erst dann einen anderen. Die neugierigen Keas und Schimpansen probierten natürlich von Anfang an herum und fanden bis zu vier unterschiedliche Lösungsmöglichkeiten, bevor überhaupt die erste Wand untauglich gemacht wurde.

Die Krähen und Gorillas endeckten mit ihren Strategien auch innerhalb ihrer jeweiligen Spezies die Lösungen in derselben Reihenfolge. Zum Beispiel fanden alle Raben und Neukaledonischen Krähen zuerst die Schnurlösung und blieben dabei, bis diese „kaputt" gemacht wurde. Danach fanden die Raben unabhängig voneinander als Nächstes das Fenster mit dem Hebel, an dem man ziehen musste; die Neukaledonischen Krähen jedoch die Wand, durch die man einen Stock stecken musste, um das Futter herunterzustoßen. Das Fenster fanden sie als allerletztes.

Das liegt natürlich, wie in Kapitel 3 angedeutet, an ihrer ökologischen Programmierung: Neukaledonische Krähen sind Werkzeugspezialisten, die gerne stochern. Raben, die Aas fressen, reißen eben gerne an Dingen. Die opportunistischen Keas dagegen fanden die Lösungen in völlig unterschiedlicher Reihenfolge. Je nach Persönlichkeit blieben sie eine Zeit lang bei der einen oder anderen Wand, bis ihre typische Neugier wieder aufkam und unbedingt die nächste Wand untersucht werden musste. Das heißt, kurz gesagt, auch wenn zwei Tierarten vielleicht die gleichen Kapazitäten haben, dieselbe Menge an Lösungswegen in der Multi-Access-Box zu entdecken – sie tun es meistens auf völlig unterschiedliche Herangehensweise.

Insgesamt wurde die Multi-Access-Box von uns und anderen Forschenden schon mit den Großen Menschenaffen, diversen Krähen und Papageienarten, Elefanten, verschiedenen Raubkatzen, Hyänen und Wildhunden verwendet, was uns hoffentlich weiterhilft, in Zukunft die unterschiedlichen Strategien dieser Tiere vergleichend besser zu verstehen. Doch während die Multi-Access-Box uns erlaubt, grundsätzlich unterschiedliche Strategien der Tiere zu erforschen, können wir daran nicht ihre Innovationsrate über Zeit messen. Dafür haben wir einen weiteren Multitask-Test entwickelt, den wir die „Innovationsarena" nennen.

Die Innovationsarena ist ein Halbkreis aus 20 kleinen, jeweils mit einer Belohnung geladenen Boxen. Jede

Ein Kakadu arbeitet an der Innovationsarena.

von ihnen enthält eine Aufgabe, die technisch mit Pfote, Schabel oder Hand gelöst werden kann, aber von der jede eine andere Handlung erfordert. Zum Beispiel kann man wie ein DJ eine drehbare Scheibe mit Belohnung darauf in Reichweite drehen, sich durch ein Stück Küchenpapier beißen, ein Fenster seitlich aufschieben und so weiter.

Die Idee dahinter ist, dass ein Tier ein bestimmtes Zeitfenster bekommt, so viele Lösungen wie möglich zu finden, dann die Arena aber wieder verlassen muss. Wenn es die Arena das nächste Mal betritt, sind alle Boxen wieder mit Futter „geladen“, aber die Reihenfolge der Boxen im Halbkreis ist zufällig neu durchgemixt. Die Tiere werden so lange getestet, bis sie entweder alle Lösungen in ihrem Zeitfenster finden oder über eine bestimmte Anzahl an Lösungen nicht mehr hinauskommen. Das erlaubt uns, nicht nur zu testen, ob sie ortsspezifische (zum Beispiel immer von links nach rechts) oder aufgabenspezifische Strategien haben, sondern auch ihre Innovationsrate zu vergleichen: Wie viel mehr Lösungen finden die Tiere über wie viele Male, die sie die Arena betreten?

Zwei unserer Goffin-Forscherinnen, Theresa Rössler und Berenika Mioduszewska, stellten die erste Version der Arena zusammen, um zu testen, ob unsere Goffin-Kakadus in Österreich durch ihre Erfahrung mit menschlich erfundenen Tests anders an technische Probleme herangehen als wildlebende Kakadus auf Tanimbar. Dabei kam heraus, dass sich auf Tanimbar zwar weniger Vögel für die Apparatur interessierten, jedoch fanden diejenigen, die sich mit der Box auseinandersetzten, die gleiche Menge an Lösungen in der gleichen Geschwindigkeit wie die Kakadus in Österreich. Es ging hier also letztendlich um Interesse – und nicht um Können.

Eine kleinere Version der Innovationsarena wurde ebenfalls im Freiland von meinen Kolleginnen Katie Harrington und Megan Lambert auch an wilden Karakara-Falken angewandt. Diese Falken haben sich – ähnlich den Keas – in einer kargen Umgebung mit wenig Feinden entwickelt und sind daher ebenfalls extrem neugierig. Wenn sie die Arena schon von Weitem sehen, stürzen sie sich förmlich darauf. Damit das nicht alle auf einmal tun, musste Katie mit einem Kadaver winkend um die Apparatur rennen, um die anderen Falken abzulenken, damit Megan einen von ihnen halbwegs in Ruhe testen konnte.

Die Forscherinnen überraschte es trotzdem, dass die Karakaras sehr schnell viele Lösungen tatsächlich fanden und dabei sogar ihre Füße äußerst geschickt einsetzten. Selbst als dieselben Tiere ein Jahr später mit der gleichen Apparatur konfrontiert wurden, konnten sie sich noch an die Lösungen erinnern. Nutzen macht bleibenden Eindruck!

5

WAS IST EIN WERKZEUG?

Begeben wir uns zusammen in den Gombe-Nationalpark im ostafrikanischen Tansania Anfang der 1960-er Jahre. Die junge, naturbegeisterte Britin Jane Goodall lebt inzwischen schon einige Zeit Seite an Seite mit einer Gruppe wilder Schimpansen, die gelernt haben, ihre Anwesenheit zu tolerieren. Eines Tages beobachtet Goodall etwas Bemerkenswertes: Ein älteres Männchen, das sie David Graubart getauft hat, untersucht einen Termitenhügel. Es scheint offensichtlich, dass es bereits weiß, dass sich tief im Inneren dieses harten Turmes eine Menge kleiner Proteinbomben tummeln. Doch die zu erreichen wäre für einen Schimpansen normalerweise eine vollkommene Unmöglichkeit. David aber reißt einen Ast von einem Busch ab, entfernt vorsichtig alle Seitenästchen und Blätter und fädelt diese so gebaute „Angel" sorgsam in den Termitenhügel ein. Als er ihn wieder herauszieht, wimmelt das andere Ende vor kleinen Insekten. Er wischt sie geschickt vom Stock auf seinen Handrücken und schleckt sie bequem herunter.

Werkzeuggebrauch bei Tieren erscheint in uns Menschen immer noch ein gewisses Maß an Ehrfurcht zu erzeugen, wurde er lange Zeit doch als spezielle Qualität menschlicher technischer Intelligenz betrachtet. Obwohl es damals, als Jane Goodall vom Werkzeuggebrauch der wilden Schimpansen berichtete, schon einige Aufzeichnungen von Werkzeuggebrauch bei den Großen Menschenaffen in Gefangenschaft gab (zum Beispiel hatte Wolfgang Köhler 30 Jahre zuvor seine Schimpansen auf Teneriffa unter anderem mit Steckenwerkzeugen getestet), war eine starke Reaktion außerhalb von wissenschaftlichen Kreisen bisher immer ausgeblieben. Diesmal handelte es sich aber um ein natürliches Verhalten und konnte nicht einfach als „Training in Gefangenschaft" abgetan werden. Die Schimpansen hatten es selbst erfunden, nicht wir Menschen.

Die Erkenntnis, dass wilde Tiere Werkzeuge verwenden, versetzte unserer Gesellschaft einen gewissen

Schock. Sie traf uns zu einer Zeit, in der die Herstellung und der Gebrauch von Werkzeugen allgemein als definierende Eigenschaft des Menschen betrachtet wurde. Nicht umsonst lautete der Titel eines bekannten populärwissenschaftlichen Buches des britischen Paläanthropologen Kenneth Oakley „Man the Toolmaker", also „Der Mensch, der Werkzeugbauer".

Als Jane Goodall ihrem damaligen Mentor, dem berühmten Anthropologen Louis Leakey von ihrer Beobachtung David Graubarts erzählte, soll dieser zu ihr gesagt haben: „Nun müssen wir entweder das Werkzeug neu definieren, den Menschen neu definieren oder aber Schimpansen als Menschen akzeptieren." Und da wir die Schimpansen nicht als menschlich anerkannt haben, mussten wir uns Menschen neu definieren, schrieb Jane Goodall in einem Artikel aus dem Jahr 2010.

Inzwischen wissen wir natürlich, dass es Werkzeuggebrauch nicht nur bei den Schimpansen, sondern auch bei den Orang-Utans, Makaken und Kapuzineraffen gibt. Darüber hinaus verwenden auch Tiergruppen, die nur sehr entfernt mit uns verwandt sind, in manchen Kontexten Werkzeuge, wie wir gleich sehen werden: einige Säugetiere außerhalb der Primaten, einige Vögel und sogar ein paar Insekten. Die Fähigkeit ist also zwar immer noch extrem selten, aber nicht bloß einem evolutionären Verwandtschaftszweig vorbehalten.

Was aber ist überhaupt ein Werkzeug? Wenn man verschiedene Leute danach fragt, kommt man schnell darauf, dass es sehr unterschiedliche Auffassungen dazu gibt. Für manche ist es ein Gegenstand, den man in die Hand nehmen muss, um ein Ziel zu verfolgen, zum Beispiel ein Hammer, um den Nagel auf den Kopf zu treffen. Für einen anderen ist ein Werkzeug jedes Objekt, das irgendwie nützlich ist, beispielsweise auch ein knorriger Baum, an dem man seinen juckenden Rücken schrubben kann. Für manche würde sogar eine Person, die man „verwendet", um eine andere zu manipulieren, als soziales Werkzeug zählen.

Deshalb widmen wir uns in diesem Kapitel unter anderem der Frage, was wir in der Verhaltensforschung eigentlich unter einem Werkzeug verstehen. Eines gleich vorweg: Das ist nach wie vor ziemlich umstritten, also ist wohl auch die Debatte um die Exklusivität des Werkzeuggebrauchs noch nicht ausgestanden. In der Wissenschaft gibt es derzeit geradezu einen Pool unterschiedlicher Definitionen für den Werkzeuggebrauch. Während frühe Definitionen aus den 1960er-Jahren ein Werkzeug lediglich als ein „Objekt zum Zweck" betrachteten, wurden die Kriterien zunehmend enger. Jane Goodall sah ein Werkzeug als einen Gegenstand, der als direkte Verlängerung des Körpers verwendet wird. In den 1970er-Jahren fingen wir an, zwischen sogenanntem „echten" und „grenzwertigen" Werkzeuggebrauch zu unterscheiden.

Wenn zum Beispiel eine Möwe ein Ei aus der Luft fallen lässt, um dessen Schale zu knacken und seinen Inhalt genießen zu können, sprach man von grenzwertigem Werkzeuggebrauch. Schwieriger zu öffnen oder im Flug zu transportieren sind aber die äußerst nahrhaften Eier des Straußes, der mit dem ägyptischen Geier seinen Lebensraum teilt. Manche Geier lassen daher Steine wiederholt auf das Ei fallen, bis es bricht. Dies wiederum würde als echter Werkzeuggebrauch gelten.

Der Würger ist ein Verwandter unserer Krähen und wirkt eigentlich wie ein herziger kleiner Gartenhüpfer. Dennoch ist er als „Metzger" unter den Vögeln bekannt. Sein Nahrungsspektrum erstreckt sich von Insekten über Schnecken bis hin zu kleineren Wirbeltieren wie Eidechsen, Jungvögeln und Mäusen. Größere Beutetiere kann der Würger nicht einfach schlucken, er diniert lieber in der sicheren Deckung eines Baumes, der es ihm aber nicht erlaubt, das Beutetier abzulegen. Einige Würgerarten suchen daher Bäume mit langen Dornen, auf die sie ihre Beute wie einen Kebab aufspießen und nach und nach verzehren. Auch die Beutepfählung der Würger gilt als grenzwertiger Werkzeuggebrauch.

Die auf den Galapagos-Inseln beheimateten Darwinfinken gehören eigentlich zu den Tangaren, einer artenreichen südamerikanischen Vogelfamilie und nicht zu den Finken. Von ihnen gibt es 18 Arten, deren unterschiedliche Schnabelformen den jungen Charles Darwin, nach dem sie benannt sind, nach seiner zweiten Expedition mit dem berühmten Forschungsschiff Beagle inspiriert haben sollen, über einen möglichen gemeinsamen Vorfahren zu sinnieren. Einer der Darwinfinken ist der Spechtfink. Er hat einen starken Schnabel und bohrt damit in Baumlöchern nach Insekten. Jedoch enden seine Fähigkeiten hier nicht: Er verwendet zudem auch Kaktusstacheln und spitze Ästchen, die er im Schnabel hält, um damit in die Löcher zu bohren und sich saftige Larven zu ergattern, die sonst außerhalb seiner Reichweite blieben. Dies ist ein Beispiel für echten Werkzeuggebrauch.

Beim grenzwertigen Werkzeuggebrauch werden also Gegenstände verwendet, die nicht weiterbewegt werden: im Fall der Möwe der Untergrund, auf den sie ein Ei fallen lässt, und im Fall des Würgers der Stachel, auf den er die Maus aufspießt. Beim echten Werkzeuggebrauch sollte das jeweilige Tier ein unabhängiges Objekt auf ein Ziel ausrichten: Der ägyptische Geier lässt den Stein über dem Straußenei fallen, der Spechtfink zielt mit dem Kaktusstachel auf die Larve. Selbstverständlich kann es Fälle von grenzwertigem und echtem Werkzeuggebrauch bei ein und derselben Spezies geben. Wenn ein Otter eine Muschel in den Fäusten hält und diese gegen einen flachen Stein schlägt, der auf seinem Bauch liegt, handelt es sich um grenzwertigen Werkzeuggebrauch. Wenn er aber einen Stein mit den Fäusten gegen eine Muschel schlägt, die im Felsen festgewachsen ist, handelt es sich um einen echten Werkzeuggebrauch.

Echter Werkzeuggebrauch entspricht der wahrscheinlich gängigsten Definition, die in den 1980er-Jahren von dem amerikanischen Psychologen Benjamin Beck formuliert wurde: Um Werkzeuggebrauch handelt es sich immer dann, wenn ein Objekt eingesetzt wird, „um die Form, die Position oder den Zustand eines anderen Objekts, eines anderen Organismus oder des Benutzers selbst effizienter zu verändern, wenn der Benutzer das Werkzeug während oder kurz vor der Nutzung hält oder trägt und für dessen richtige und effektive Ausrichtung sorgt". Was recht komplex klingt, lässt sich verkürzen auf: Es muss ein konkretes Ziel geben für den Werkzeuggebrauch und der (ausführende) Agent muss für die Orientierung des Objekts aufs Ziel hin verantwortlich sein.

Dennoch wurde auch diese Definition immer wieder angefochten und in weiteren Publikationen leicht abgeändert oder ersetzt. Dafür gibt es vermutlich zwei Gründe: Werkzeuggebrauch bei Tieren ist immer noch ein sexy Thema. Wenn man ein neues Verhalten, das etwas mit Objekten zu tun hat, in der Veröffentlichung als Werkzeuggebrauch verkaufen kann, hat man bessere Chancen, die Studie in einer angesehenen Fachzeitschrift zu veröffentlichen. Zarte Abänderungen gängiger Definitionen erlauben einem somit, die Rosinen aus dem Kuchen zu picken: Man sucht sich diejenigen Kriterien heraus, die am besten zu den Ergebnissen der eigenen Studie passen.

Der zweite Grund weist in die genau entgegengesetzte Richtung: Neue Definitionen werden mit dem Argument geschaffen, dass gängige Varianten zu viele Schlupflöcher für grenzwertige Fälle erlauben. Derzeit gibt es über 20 verschiedene Definitionen für Werkzeuggebrauch, von denen etwa die Hälfte häufiger verwendet wird. Diese Definitionen enthalten, wie eine Studie zeigte, 19 Kriterien für Werkzeuggebrauch von denen nur ein einziges in allen enthalten ist: Jeglicher Werkzeuggebrauch muss – wie schon Beck sagte – ein Ziel haben.

Und so ein Ziel ist auch schnell unterstellt: Es wird zum Beispiel argumentiert, dass ein Hund an einem Stöckchen kaut, weil er damit gezielt Zahnpflege betreibt – und nicht etwa, weil er als Prädator, also Beutegreifer, einfach gerne spielerisch an Dingen kaut, denen er vorher hinterhergejagt ist? In einem solchen Sinn gibt es einige Definitionen, die sich so hindrehen lassen, dass selbst einfach erklärbare Verhalten als Werkzeuggebrauch durchgehen. Für den wissenschaftlichen Gebrauch der Definitionen ist das aber wenig hilfreich: Wenn alles, was Tiere mit Objekten anstellen, als Werkzeuggebrauch zählen kann, bleiben wir in der Forschung schnell stecken.

Auch können schwammige Werkzeugdefinitionen zukünftige Erkenntnis blockieren: Während eine Studie die Beispiele von „echtem" und „grenzwertigem" Werkzeuggebrauch für ihre Daten einfach mischte, keinerlei Korrelation zwischen Werkzeuggebrauch und relativer Gehirngröße bei Vögeln finden konnte, hatte eine andere Studie von Forschenden um Louis Lefebvre, die zwischen den beiden unterschied, durchaus Erfolg und kam zu einem interessanten Schluss: Gehirnregionen von Vögeln, die mit dem Neokortex von Säugetieren vergleichbar sind, waren bei Beispielen von echten, aber nicht von grenzwertigen Werkzeugverwendern größer.

Wie also kommen wir mit diesem Problem der „Schwammigkeit" zurecht? Worauf wäre beim Werkzeuggebrauch besonders zu achten? Was macht ihn tatsächlich aus und wie oft kommt er wirklich vor? Wird er wirklich auch weitergegeben? Meine persönlichen Antworten auf diese Fragen will ich in diesem Kapitel etwas näher vorstellen. Die Definitionen etwas konservativer, also weniger breit zu fassen, würde es uns nämlich erlauben, weiter in die Tiefe zu gehen. Sehen wir uns an, was das bedeutet.

EIN ORANG-UTAN-BABY ALS WERKZEUG?

Wie erwähnt fassen manche den Werkzeugbegriff so weit, dass auch eine Person als Werkzeug dienen könnte – etwa, wenn ich sie „verwenden" möchte, um eine andere Person zu meinen Gunsten zu beeinflussen, also als ein soziales Werkzeug. Eine solche Definition würde ich nur in einem ganz konkreten Fall gelten lassen, den der deutsche Kognitionsbiologe Christoph Völter vom Max-Planck-Institut in Leipzig vor einigen Jahren untersucht hat.

Es geht um Orang-Utan-Mütter, die tatsächlich ihre Kinder als „Werkzeuge" einsetzen: Orang-Utans sind im Freiland ausgesprochen fürsorgliche Mütter, die sich von ihren Kindern einiges gefallen lassen. Im Zoo dagegen, wo nicht die Gefahr droht, dass ein Kleines verhungert, sind die Mamis etwas weniger tolerant. Es passiert öfter mal, dass ein besonderer Snack in der Faust des Jungtieres von der Mutter zum Eigengebrauch konfisziert wird. Schließlich muss sie ja auch Milch produzieren.

In einer Test-Situation haben Forschende den Mutter-Kind-Paaren hinter einer Plexiglasscheibe Weintrauben hingelegt, die die Tiere offenbar besonders gerne mögen. Die Handgelenke der Mutter sind zu breit, um durch die in die Scheibe gebohrten Löcher durchzugreifen – deshalb „leiht" sich die Mutter den Arm des Kindes und führt diesen durch die Öffnung. Wenn die Hand mit der Belohnung wieder aus der Öffnung kommt, wird die Traube jedoch sofort weggenommen. In einer ähnlichen Situation, in der eine Schiebetür nur einen Spalt geöffnet war, sodass die Mütter nicht darunter durchkriechen konnten, schoben sie ebenfalls ihre Kinder durch, hielten diese aber an einem Fuß fest, sodass sie sie geschwind wieder zurückziehen konnten, bevor die Traube ihren Weg in den falschen Schlund finden würde.

Selbst wenn wir die strengsten Definitionen anwenden: Diese Orang-Mütter verwendeten definitiv ihre Kinder als soziale Werkzeuge.

Und damit sind wir wieder sehr nahe an Goodalls ursprünglicher Definition: Im strengsten Sinne dienen Werkzeuge als Verlängerung des eigenen Körpers, im Fachjargon sprechen wir auch von einem „verkörperten" Werkzeuggebrauch oder überhaupt von „Tooling", das den Akt des verkörperten Werkzeuggebrauches beschreibt und wie ein Verb verwendet wird. Dafür muss mit einem Werkzeug, das mit dem eigenen Körper verbunden ist, eine mechanisch-dynamische Beziehung zu einem Ziel hergestellt werden – denken Sie etwa an einen Haarkamm, den wir verwenden, oder an ein Messer. Auch kann dabei eine echte „Verkörperung" des Werkzeugs stattfinden: Studien an Menschen haben gezeigt, dass, wenn man Personen verlängernde Stöckchen an Daumen und Zeigefinger klebt oder ihnen eine Kneifzange in die Hand gibt, sie ähnlich schnell neu lernen, Gegenstände aufzuheben, obwohl es um zwei unterschiedliche Handlungen geht.

Der Motorcortex ist ein Steuerzentrum der Großhirnrinde, in dem aus einfachen Bewegungsmustern komplizierte Abfolgen zusammengestellt werden. In einer Studie der Universität Parma gaben Forscher Rhesusaffen zwei Arten von Greifzangen, um an eine Belohnung zu gelangen. Um die eine Zange zu betätigen, musste man die Hand erst öffnen und dann zudrücken. Die andere Zange benötigte genau die gegenteilige Handlung: Man musste zuerst zudrücken, um die Zange zu öffnen, und dann die Hand wieder öffnen, damit die Zange sich wieder schloss. Bei den Affen feuerten, trotz der völlig unterschiedlichen Handlungen, die gleichen Nervenzellen im Motorcortex, die normalerweise aktiv sind, wenn sie ihre eigenen Finger zum Greifen eines Gegenstandes verwenden. Das deutet darauf hin, dass sie auch in ihrem Kopf das Werkzeug wie ihre eigenen Finger „verkörpern" können.

Um die zuvor erwähnten Schlupflöcher bei der Identifikation von echtem Werkzeuggebrauch zu vermeiden, werde ich die Sache nicht noch komplizierter machen, indem ich an die – sowieso schon beträchtliche – Anzahl vorhandener Definitionen noch eine weitere dranhänge. Stattdessen denke ich, dass es ausreicht und wir die Aussagekraft des tierischen Werkzeuggebrauchs schützen, wenn wir drei Arten von Objektverhalten als solches zulassen. Das erste Verhalten ist natürlich Tooling, der verkörperte Werkzeuggebrauch, der sich leicht dadurch identifizieren lässt, dass ein Tier einen greifbaren Gegenstand in Verbindung mit dem eigenen Körper auf ein Ziel ausrichtet und an diesem verwendet.

Neben dieser konkretesten Art von Werkzeuggebrauch würde ich als zweite Möglichkeit gezieltes Fallenlassen und drittens gezieltes Werfen eines greifbaren Objekts gelten lassen: wenn ein Gegenstand an einer bestimmten Stelle zu einem konkreten Zweck fallen gelassen (oder dorthin geworfen wird) wird. Denken Sie an den ägyptischen Geier oder die in Kapitel 4 erwähnte Methode von Krähen, Steine in ein Rohr zu schmeißen, um den Wasserpegel zu heben – aber auch an einen ungehaltenen Zooschimpansen, der ein Kotwürstchen auf einen Störenfried wirft. Dabei dient das Werkzeug zwar nicht als Verbindung zwischen dem eigenen Körper und dem Ziel, aber ein Objekt wird durch die richtunggebende Handlung des Tieres auf ein Ziel zubewegt und tritt schließlich mit diesem in Kontakt. Es gibt also so etwas wie eine unsichtbare Verbindung zwischen dem Verwender und dem Werkzeug, wenn es das Ziel berührt. Auch diese Verhalten sind leicht erkennbar und es besteht wenig Verwechslungsgefahr.

Es gibt natürlich noch andere ausgesprochen bemerkenswerte Beispiele tierischen Verhaltens mit Gegenständen, aber die Vergangenheit hat uns gezeigt, dass wir, sobald wir die Anwendungen zu breit auffächern, den Fokus verlieren, unser eigenes Wissen verwässern und vorhandene Verbindungen vielleicht nicht mehr erkennen können.

Das heißt natürlich nicht, dass anderes Verhalten mit Objekten, welches wir eben nur nicht als Werkzeuggebrauch zählen, weniger erfinderisch sein muss. Da ist etwa das Orang-Utan-Männchen Rakus aus Sumatra, das sich eine Paste aus den Blättern einer entzündungshemmenden Pflanze zurechtkaute und damit über längere Zeit immer wieder eine Fleischwunde in seinem Gesicht „behandelte“, wie die deutsche Verhaltensforscherin Isabelle Laumer berichtete. Ein weiteres Beispiel ist die Debatte darüber, wie mit tierischen Bauwerken und Konstruktionen umzugehen ist. Nestbau zum Beispiel gilt nicht als Werkzeuggebrauch, weil die verarbeiteten

Stöckchen oder Grashalme als fertiges Konstrukt selbst zum Ziel, also zum Nest, werden.

Zudem ist Nestbau in vielen Fällen, vor allem bei Vögeln, in seiner Evolution weit fortgeschritten: Bei Singvögeln ist dieses Verhalten im Grunde genommen schon angeboren. Dennoch zeigen zwei Forschungsgruppen aus Schottland und Kanada regelmäßig, dass dabei immer noch eine erfinderische Komponente vorhanden ist. Sogar Vögel mit kleinen Gehirnen wie Zebrafinken können höchst flexibel Nistmaterial auswählen und die Art, wie sie ihre Nester bauen, an unterschiedliche Umwelten anpassen.

Zudem gibt es Fälle von Konstruktionsverhalten bei Säugetieren, die ganz offensichtlich zur Lösung von technischen Problemen erfunden wurden. Das Kistenstapeln der Schimpansen in Wolfgang Köhlers Station auf Teneriffa war zum Beispiel eine solche Konstruktion. Ein weiteres herrliches Beispiel ist der Honigdachs Stoffel, der in einer Anlage des Moholoholo-Rehabilitationszentrums im Gebiet des Limpopo-Flusses in Südafrika lebt. Stoffel missfiel offensichtlich die Einschränkung seiner Bewegungsfreiheit innerhalb seiner Gehege, was ihn zu einem spektakulären Ausbruchskünstler machte. Seine frühen Gehege zu knacken war ein Klacks für ihn, denn er lernte schnell, über Gitter zu klettern, Türriegel koordiniert zu bedienen und Ausbruchslöcher zu graben.

Da er sich dabei einige Male selbst in Gefahr brachte (einmal landete er in einem Löwengehege), baute man für ihn eine gesonderte Anlage mit einer untergrabenen, etwa 1,5 Meter hohen Betonmauer. Die wurde vom britischen Fernsehsender BBC auch als das „Alcatraz für Dachse“ bezeichnet. Sorgfältig wurden alle Bäume am Rand entfernt, über deren Äste Stoffel sonst geklettert wäre.

Doch bei all diesen Sicherheitsvorkehrungen dauerte es wieder nur kurze Zeit, bis Stoffel die nächste Ausbruchsstrategie parat hatte: Er begann große Steine auszugraben und rollte diese mit seinen Hinterbeinen zu einem Haufen vor der Mauer, der schließlich hoch genug war, um über die Mauer zu klettern. Als daraufhin alle Steine entfernt wurden, formte er Schlammbälle und türmte sie entlang der Mauer auf. Auch der Rechen, den ein Pfleger im Gehege vergessen hatte, kam zum Einsatz: Stoffel lud ihn auf seinen Rücken, um ihn zur Mauer zu tragen, und lehnte ihn dort sorgfältig und in einem bequemen Winkel dagegen, um daran hinaufzuklettern und so über die Mauer gelangen zu können. Stoffel gibt es übrigens heute noch. Inzwischen ist er stolze 27 Jahre alt – und ein kleiner Star.

EINE AUSSERGEWÖHNLICHE MEISE

Wann immer wir einen neuen wissenschaftlichen Artikel schreiben, dessen Botschaft auch in den Publikumsmedien ankommt, füllt sich danach regelmäßig mein E-Mail-Posteingang. Viele Leute schreiben mir, die von unseren Erkenntnissen im Radio oder Fernsehen gehört oder unsere Pressemitteilung gelesen haben und die selbst ähnliche Beobachtungen gemacht haben. So stoßen wir immer wieder auf höchst interessante Geschichten. Etwa die von einem ungewöhnlichen Gartenvogel, von dem uns eine Dame berichtete.

Die passionierte Vogelbeobachterin hatte gesehen, dass zu dem Vogelhäuschen in ihrem Garten immer wieder eine Kohlmeise kam, die scheinbar ein Stöckchen verwendete, um an die Sonnenblumenkerne darin zu gelangen. Sie hatte auch ein Foto angehängt; wenngleich dieses etwas verschwommen war, meinte auch ich darauf das aus dem Schnabel ragende Stöckchen erkennen zu können. Aber warum sollte die Meise, die doch auch so problemlos das Futter erreichen könnte, ein Werkzeug verwenden?

Hingebungsvoll begab sich die Frau daraufhin noch einmal mit einer Kamera auf die Pirsch in ihren Garten, diesmal in der unmittelbaren Nähe des Vogelhauses, und schickte schon bald die ersten Videos – samt der Entwarnung: Die Kohlmeise hatte kein Stöckchen im Schnabel, nein, sie hatte einen derart deformierten bzw. verlängerten Oberschnabel, dass es so aussah, als hielte der Vogel fest und gerade ein Stöckchen zwischen den Schnabelhälften.

Damit sind wir beim zweiten Problem, das uns beim Werkzeuggebrauch im Tierreich häufig begegnet: Das Verhalten ist nur anekdotisch überliefert. Es handelt sich also um zufällig beobachtete Einzelfälle, die häufig, wie bei der Kohlmeise, auf falschen Annahmen oder schlicht Irrtümern basieren. Da eine Entdeckung von Werkzeuggebrauch bei Tieren etwas Aufregendes ist, tendieren wir Menschen dazu, das zu sehen, was wir sehen möchten. Dies entspricht aber nicht immer der wahren Erklärung für das beobachtete Verhalten.

Verstehen Sie mich bitte nicht falsch: Anekdoten sind extrem wertvoll für uns in der Wissenschaft – aber eben als ein erster Ansatz oder Anhaltspunkt, um anschließend in die empirische Erforschung eines Phänomens zu gehen, auf systematischen, dokumentierten Beobachtungen oder Versuchen aufbauend. So startete auch unsere Forschung zur Frage, ob Kakadus Kokosnüsse öffnen können – und warum sie das tun.

Es begann damit, dass uns Videos von einer ausgewilderten Goffin-Population in Singapur geschickt wurden: Ein Kakadu sitzt an einer geöffneten Kokosnuss, bricht einen der harten Blütenstäbe in der Nähe ab und stochert damit im Inneren der Kokosnuss herum. Welchen Effekt sollte das für ihn haben?

Als unser Postdoc Antonio Osuna-Mascaro die Videos analysierte, bemerkte er, dass mehr Fruchtstückchen neben dem Vogel herunterfielen, wenn das Stöckchen in der Nuss steckte, als wenn nur der Schnabel des Vogels daran arbeitete. Dennoch veröffentlichten wir das Verhalten nur als Anekdote, die auf möglichen Werkzeuggebrauch „hindeutet". Die letzten Jahre schickten wir aber eine weitere junge Wissenschaftlerin, Theresa Rössler, nach Singapur, die dort monatelang das Verhalten der Tiere im Detail studierte.

Mit einem kleinen Holzsplitter kratzt dieser Goffin das begehrte Samenmaterial aus einer Seemandel.

Inzwischen wissen wir ohne Zweifel, dass die Goffin-Kakadus in Singapur tatsächlich Werkzeuge auf verschiedene Weise an verschiedenen Früchten verwenden, auch an Kokosnüssen. Bei einigen Früchten, zum Beispiel bei der Seemandel, können wir eindeutig nachweisen, dass die Tiere mit kleinen Holzsplittern das Samenmaterial aus den Früchten kratzen, da Theresa zusätzlich zu ihren Videoaufnahmen die Früchte und die Werkzeuge der Tiere einsammelt und 3D-scannt. Die Früchte haben nur am keimenden Ende ein kleines Loch in der harten Schale, in welches das Werkzeug eingeführt wird, dennoch fehlt, wenn man die Frucht öffnet, das gesamte, mandelartige Sameninnere.

Wenn wir uns also an die eben aufgestellten Kriterien halten, fallen von den scheinbar zahlreichen Berichten über Werkzeuggebrauch eine ganze Reihe weg. Dafür stellt sich eine andere Frage: Wie viel Werkzeuggebrauch entgeht uns derzeit, weil er im Freiland irgendwo 30 Meter hoch in einem Baum passiert und wir ihn nie zu Gesicht bekommen?

WERKZEUGGEBRAUCH IST NICHT GLEICH WERKZEUGGEBRAUCH

Wenn wir in den Medien etwas über Werkzeuggebrauch lesen, wird oft alles über denselben Kamm geschoren. Etwa: Papageientaucher verwenden Stöckchen als Werkzeuge, um sich zu kratzen – dies zeugt von ihrer Intelligenz, die jener der Papageien und Krähenvögel ähnelt. An diesem Punkt wird es wichtig zu erkennen, dass selbst wenn wir etwas eindeutig als Werkzeuggebrauch identifizieren können, dies nicht bedeutet, dass unterschiedliche Beispiele dafür als ähnlich komplex gelten müssen.

So kann ein Werkzeug „egozentrisch“, also auf den eigenen Körper ausgerichtet verwendet werden, um sich etwa an einer unerreichbaren Stelle zu kratzen. Dies gilt im Regelfall als weniger komplex als ein „allozentrischer“ Werkzeuggebrauch, bei dem ein Gegenstand auf ein anderes Objekt als auf den eigenen Körper ausgerichtet wird. Ein Kind lernt etwa schneller, mit einem Löffel zu essen, als eine Münze in den schmalen Schlitz einer Sparbüchse zu werfen.

Auch stellt sich die Frage, ob das Verhalten spezifisch oder unspezifisch einzuordnen ist: Eine Neukaledonische Krähe, die mit einem Stöckchen auf ein kleines Loch zielt, zeigt ein recht spezifisches Verhalten, der Elefant, der mit einem Ast versucht, die Fliegen vor seinem Gesicht wegzuwedeln, eher nicht (ein Fliegenschwarm als Ziel ist nicht sehr spezifisch). Allerdings ist es erwähnenswert, dass es inzwischen zumindest eine Elefantin gibt, die zu spezifischen Handlungen mit einem Objekt fähig ist. Eine erst kürzlich veröffentlichte Studie zeigt, dass die asiatische Elefantenkuh Mary im Berliner Zoo sehr geschickt darin ist, sich mit einem Wasserschlauch zu säubern. Wie eine feine Dame in der Dusche verwendet sie verschiedene Techniken, um auch schwierig erreichbare Stellen gut zu reinigen. Wenn sie ihre Flanken wäscht, hält sie den Schlauch kurz hinter der Öffnung,

Wird ein Stein in ein Rohr gelegt, so wie es diese Neukaledonische Krähe gleich tun wird, handelt es sich um eine statische Werkzeughandlung.

was ihr eine gute Kontrolle ermöglicht. Wenn sie aber ihren Rücken erreichen will, schwingt sie den Schlauch wie ein Lasso über ihrem Kopf. Möglicherweise ist es die Ähnlichkeit des Schlauches mit dem eigenen Rüssel, der Marys Erfindung erleichtert hat.

Letztlich zählt auch noch die Frage, ob zwischen dem Werkzeug und dem Ziel eine dynamische oder eine statische Beziehung besteht. Eine Saatkrähe, die einen Stein in ein mit Wasser gefülltes Rohr fallen lässt, hat am Ende der Handlung keinen Einfluss mehr auf den Stein. Er fällt auf den Boden des Rohres und bleibt dort liegen. Wenn aber zum Beispiel ein Schimpanse ein Stöckchen wie einen Rechen verwendet, um ein bestimmtes Objekt in seine Richtung zu befördern, muss er die Orientierung des Werkzeugs ständig ändern, um es an die sich ebenfalls ändernde Position der begehrten Belohnung anzupassen.

Immer wieder fragen wir uns, wie groß der „Captivity-Effekt" in Sachen Werkzeuggebrauch ist. Das heißt: Manche Tiere verwenden in menschlicher Obhut eher Werkzeuge als in ihrem natürlichen Lebensraum. Was ist der Grund dafür? Nun, wenn man ständig mit Nahrung versorgt wird, die man sich nicht selbst suchen muss, und die Vielfalt der Umgebung deutlich beschränkter ist als in der Natur, bleibt viel Energie, um die paar Dinge zu untersuchen, die einem in dieser Umgebung eben zur Verfügung stehen. Außerdem ist da die Nähe zu Menschen, denen die Tiere zuschauen, etwa die Personen, von denen sie täglich gepflegt werden. Was machen sie alles mit Objekten, wenn sie etwa einen Käfig reinigen? Wie manipulieren sie Dinge, wenn sie das Futter herrichten? Auch solche Beobachtungen können zu sozialen Auslösern werden.

Was den Werkzeuggebrauch im Freiland angeht, verfügen wir nur über Richtgrößen: Bei den Großen Menschenaffen etwa zeigen die Schimpansen den häufigsten Werkzeuggebrauch: Selbst im Freiland sind etwa 40 unterschiedliche Arten von Werkzeuggebrauch dokumentiert. Bei den Orang-Utans sind es deutlich weniger. Bei Bonobos und Gorillas gibt es im Freiland eigentlich kaum Werkzeuggebrauch, um an Futter zu gelangen, allerdings sind zumindest die Gorillas auch überwiegend folivor, ernähren sich also insbesondere von Blättern. Bei Bonobos wird angenommen, dass ihre Habitate generell ein besseres Nahrungsangebot aufweisen und dass für sie deshalb weniger Bedarf für Werkzeuggebrauch besteht. Aber das konnten einige Freilandstudien nicht bestätigen. Dafür gibt es bei jungen, wilden Schimpansen mehr Objektspiel und Exploration als bei jungen, wilden Bonobos, was darauf hindeutet, dass es hier mehr um die Veranlagung der Spezies als um den Lebensraum geht.

Dennoch zeigen Versuche, dass Bonobos und Orang-Utans in Zoos Werkzeuge fast wie Schimpansen verwenden und Gorillas in menschlicher Obhut wesentlich häufiger zum Stöckchen greifen. Bei ihnen allen ist der Grundgeist für die Kapazität des Werkzeuggebrauchs vorhanden.

Und damit springen wir in unsere Goffin-Voliere in Goldegg. An diesen Kakadus waren wir am Anfang hauptsächlich deshalb interessiert, weil sie für ihr aufwendiges Objektspiel bekannt sind. An Werkzeuggebrauch hatten wir da noch gar nicht gedacht. Bis eines Tages Birgit Szabo, eine Studentin, eines der Männchen namens Figaro intensiv beobachtete. Wir nennen das „Focal Sampling“, wenn innerhalb einer festgelegten Zeitspanne, etwa 15 Minuten, jegliches Verhalten eines Individuums dokumentiert wird. Dies dient dazu, die sozialen Beziehungen der einzelnen Vögel nachvollziehen zu können, ihre Eigenheiten im Objektspiel zu verstehen und neue Verhaltensweisen zu identifizieren.

Aber damit hatten wir wirklich nicht gerechnet: An einem Nachmittag im Sommer 2012 beobachtete Birgit, wie Figaro immer wieder ein Steinchen in die Luft schmiss, nur um es aufzunehmen und erneut hochzuwerfen. Dann begann er, das Steinchen durch das Volierengitter zu stecken, und es fiel außen auf den Holzbalken, der die Voliere umfasst – außerhalb seiner Reichweite. Was tat Figaro? Er schnappte sich ein Stöckchen und versuchte, nach dem Steinchen zu fischen. Birgit holte mich sofort dazu. Wir brachten alle anderen Vögel aus dem Außenbereich in den anderen Teil der Voliere, sodass nur Figaro dort blieb, wo er gerade mit dem Steinchen gespielt hatte. Wir wollten ihn natürlich auf die Probe stellen.

Um die Versuchung für ihn zu vergrößern, platzierten wir eine Cashewnuss an die Stelle, an der gerade noch das verloren geglaubte Steinchen gelegen war, und richteten Augen und Stativkamera auf ihn. Doch das machte ihn skeptisch: Er traute sich nicht, wegzugehen, um ein Stöckchen zu holen, und schien diese tolle Belohnung lieber im Auge behalten zu wollen. Etwas, was man nicht beaufsichtigt, ist sonst schnell perdu, ein Phänomen, das uns als „Sammelrisiko“ bekannt ist. Stattdessen löste Figaro nach und nach einen länglichen Span vom Volierenrahmen und begann diesen zu bearbeiten. Wir trauten unseren Augen nicht. „Oh mein Gott, er baut eines!“, hört man mich leise im Hintergrund auf dem Video zu Birgit flüstern.

Und tatsächlich: Gleich beim ersten Versuch schuf Figaro in 20 Minuten ein brauchbares Werkzeug. Für die nächsten Cashewnüsse, die wir ihm im Anschluss hinlegten, baute er weitere Werkzeuge, für deren Herstellung er jeweils nur fünf Minuten benötigte. Das bedeutete für uns, dass wir zumindest für den Werkzeugbau den eigentlichen Erfindungsmoment erwischt hatten. Vielleicht hatte Figaro schon vorher Werkzeuge verwendet und wir hatten es nur nicht gesehen. Aber die Zeit, die er für den Bau des ersten Werkzeugs im Gegensatz zu allen anderen brauchte, weist stark darauf hin, dass er in dieser Situation zum ersten Mal eines aus Holz schuf. Nach zehn erfolgreichen Versuchen beschlossen Birgit und ich, dass Figaro für den Tag schon zu viele Cashews gefuttert hatte. Stattdessen holte ich für uns eine Flasche Sekt aus dem Kühlschrank …

An Figaros Beispiel sehen wir deutlich, wie die Gefangenschaft möglicherweise Einfallsreichtum und Werkzeuggebrauch fördert, eben den sogenannten Captivity-Effekt: Etwas ist außerhalb meiner Reichweite, deshalb brauche ich ein Hilfsmittel. Dass etwas außer Reichweite ist, kommt in einer Voliere häufig vor. Aber es kann natürlich auch im Freiland passieren, dass etwas Gutes tief hinter der Rinde eines Baumes steckt oder unter einer Schale, die zu hart ist, um sie zu knacken. Für die freilebenden Kakadus auf Tanimbar haben wir sehr lange versucht herauszufinden, ob sie auch Werkzeuge verwenden oder ob Figaro eine Ausnahme darstellt. Es war der Startschuss für das in Kapitel 2 kurz gestreifte Projekt von Berenika und Mark, die hauptsächlich deshalb und mit großem Aufwand eine wunderbare kleine

Ein Kakadu in Singapur beim Futterextrahieren.

Forschungsstation auf einer der Inseln vor Ort aufgebaut haben, um mehr dazu herauszufinden.

Fünf Jahre lang folgten die beiden den Tieren durch den dichten halbtropischen Wald, untersuchten ihre Futterquellen und beobachteten ihr Verhalten. Nach dieser Zeit waren wir dann so weit, einen wissenschaftlichen Artikel zu veröffentlichen, und zwar mit dieser Schlussfolgerung: Goffins „extrahieren" im Freiland zwar Futter, das in etwas anderes eingebettet oder verpackt ist, sie knacken also Nüsse, schälen Früchte und graben Wurzeln aus. Aber Werkzeuge scheinen sie nur in Gefangenschaft zu verwenden. Der Titel des Papers lautete entsprechend: „Futter extrahieren ohne herumzuwerkzeugen".

Nun ist es aber eine der wichtigsten Lektionen in der Wissenschaft, dass man seine Meinung bisweilen ändern muss, wenn sich die Beweislage ändert. Und das kann bei der Beobachtung von tierischem Verhalten manchmal ziemlich schlagartig passieren.

Denn plötzlich gelang es Berenika und Mark doch, die Tiere beim Werkzeuggebrauch zu beobachten – und dazu noch einen der extremsten Fälle von tierischer Technologie aufzudecken; mehr dazu in Kapitel 7. Etwa zeitgleich konnten wir auch die ersten Beobachtungen von Werkzeuggebrauch bei Goffin-Kakadus aus dem Freiland in Singapur machen.

Ob wir einen Captivity-Effekt nachweisen können und, wenn ja, wie groß er ausfällt, kommt unter anderem darauf an, wie leicht eine Spezies zu beobachten ist. Die Großen Menschenaffen etwa lassen sich, hat man sie erst einmal vor der Linse, auf jeden Fall ein paar Minuten beobachten, wir können ihnen sogar folgen. Vögel hingegen flattern einmal kurz in schwindelnder Höhe in die Kamera und sind auch schon wieder weg. Dazu kommt, dass der eigentliche Werkzeuggebrauch wahrscheinlich mit kleineren Objekten verbunden ist und oft von Blättern verdeckt wird. Da könnte es, zumindest im Freiland, noch eine Dunkelziffer geben.

VON ANDEREN DEN WERKZEUGGEBRAUCH LERNEN – ABER WIE?

Ein wichtiger Aspekt jeder menschlichen Erfindung ist die Frage, ob die neu erworbene Fähigkeit bei einer einzigen Person „steckenbleibt" oder ob sie auch an andere weitergegeben werden kann. Denn nur so ist der Grundstein für die Entwicklung einer Kultur gelegt. Figaros Können mit dem Stöckchen hat uns demnach schnell dazu inspiriert, uns anzusehen, ob und wie er es an andere Gruppenmitglieder weitergeben kann. Wir haben ihn dazu als „Vorzeiger" für einen Versuch eingespannt; die übrigen Kakadus teilten wir in eine „Testgruppe" und eine „Kontrollgruppe" ein. Bei höheren Formen von sozialem Lernen könnten Tiere die genauen Handlungen eines anderen nachahmen, hier würden wir von Imitation sprechen. Sie könnten aber stattdessen auch etwas über den Effekt lernen, den die Handlungen des anderen auf die Umwelt haben, hier würden wir von Emulation sprechen. Auch bei Emulation gibt es mehrere Abstufungen, die wir in wissenschaftlichen Versuchen durch Kontrollen abgrenzen müssen.

Den Tieren aus der Testgruppe machte Figaro also einige Male vor, wie er einen Stock verwendete, um eine Cashewnuss aus einer Gitterbox zu rechen, bevor die anderen es danach selbst versuchen durften. Die Kontrollgruppe bekam dagegen nur Teile des Verhaltens zu sehen: Diesen Vögeln wurde gezeigt, wie die Belohnung ohne den Stock von allein (auf einem magnetischen Tellerchen) auf Figaro zukam und dieser sie aß. Dies verwendeten wir als Kontrolle, um zu testen, ob die Tiere von selbst spontan Werkzeuggebrauch erfinden können, wenn sie eigentlich nur das Endresultat von Figaros Aufenthalt vor der Box sehen konnten. Nämlich, dass er daraus ein Nüsschen bekommt. Wenn dies der Fall wäre, könnten wir von „Endzustandsemulation" sprechen. Die Kontrollgruppe sah zudem, wie der Stock ohne Figaros Zutun (ebenfalls magnetisch unter dem Tisch bewegt) die Nuss in Reichweite schob. Wenn sie nun auf diese Kontrolle hin Werkzeuggebrauch erfinden könnten, würde dies wiederum für eine andere Art von Emulationslernen sprechen, die wir „Nachstellung der Objektbewegung" nennen.

Und was kam nun heraus? Die Tiere lernten sehr wohl von Figaro, nicht aber von den sogenannten „Geisterkontrollen", in denen sich die Dinge von selbst bewegten. Nur Vögel aus der ersten Gruppe lernten, Stöcke als Werkzeuge zu verwenden – allerdings kopierten sie Figaro nicht klassisch, sondern suchten und fanden völlig andere Lösungswege. So hielt Figaro etwa das Stöckchenwerkzeug zwischen dem oberen Schnabelrand und seiner Zunge, mit der er dessen Position dirigierte. Er verwendete die Zunge auf die Weise, wie wir unseren Daumen bei einer ähnlichen Aufgabe verwenden würden. Dabei hielt er das Stöckchen so, dass er mit dem anderen Ende des Stöckchens die Belohnung auf sich zutreiben konnte.

Die anderen Vögel hingegen verwendeten das Stöckchen eher wie einen Schläger: Sie fädelten es auf Bodenebene parallel zur Belohnung von unten durch das Gitter und „schossen“ sich die Belohnung mit einem starken Seitenhieb selbst zu. Diese Unterschiede in der Technik zwischen Figaro und den anderen Vögeln in der Testgruppe schließen aus, dass es sich hier um Imitation handelt. Allerdings zeigen die Ergebnisse der Kontrollgruppen, in welchen die Tiere keinen Werkzeuggebrauch gelernt hatten, dass es für die Goffins nötig war, Figaro mit dem Werkzeug hantieren zu sehen, um dann ihre eigene Technik des Werkzeuggebrauchs erfinden zu können. Sie scheinen also nachzuvollziehen, dass Figaro etwas mit dem Werkzeug in der Box machen muss, um an die Nuss zu kommen, ohne dabei darauf zu achten, wie er es genau macht. In der Kognitionsbiologie würden wir hier von „Zielemulation“ sprechen.

Es gibt verschiedene Theorien dazu, wie diese Weitergabe von technischen Erfindungen und Werkzeuggebrauch vonstattengeht. Vielleicht so wie das Spiel „Stille Post“, bei dem mehrere Kinder im Kreis sitzen und eines sich einen komplizierten Satz ausdenkt, den es dem Nachbarkind ins Ohr flüstert, und am Schluss das letzte Kind sagt, was es verstanden hat? In Großbritannien haben Wissenschaftler wie der schottische Forscher Andrew Whiten, der an der Evolution von Kulturbildung interessiert ist, Schimpansen in sogenannten „Transmissionsketten-Experimenten“ getestet. Sie funktionieren so ähnlich wie „Stille Post“. In mehreren nebeneinanderliegenden Kompartments bekommen Gruppen von Tieren dieselbe Plexiglas-Box, in der man mit unterschiedlichen Arten von Werkzeuggebrauch an köstliche Rosinen kommen kann.

Zum Beispiel lassen sich die Rosinen mit einem flachen Stab von der Seite durch einen speziellen Ausgang aus der Box schieben oder man kann sie von oben durch ein Loch mit einem spitzen Werkzeug aufspießen. Die Gruppen in nebeneinanderliegenden Kompartments konnten einander dabei zuschauen, wie sie an die Rosinen kamen. Dabei befand sich zum Beispiel links ein Schimpanse, der bereits die eine Lösungsmethode beherrschte. In einer weiteren Kette rechts einer, der eine andere Methode kannte. Die Tiere konnten ihr Lösungswissen (im Gegensatz zu unseren flüsternden Kindern) mit relativ großer Genauigkeit weitergeben. Aufgrund von diesem und vielen ähnlichen Ergebnissen argumentieren die Forscher, dass Schimpansen ihr gegenseitiges Verhalten sehr genau nachahmen. Sie lernen also „imitationsähnlich".

Andere Versuche legen wiederum nahe, dass bei manchen Tieren sozial hauptsächlich weitergegeben wird, zu welchen Gegenständen sich die Tiere hingezogen fühlen. Gelöst werden die Probleme dann aber jeweils auf die eigene Art. Wenn die Art, wie die Tiere ein Problem lösen, von den affordances der Aufgabe vorgegeben sind (wie für uns eine Türklinke gedrückt werden „will"), kann es sein, dass der Werkzeuggebrauch am Ende ähnlich aussieht – auch wenn ihn die Tiere individuell neu erfunden haben. Bei dieser Methode spricht der Tübinger Primatologe Claudio Tennie von einer „Zone latenter Lösungen".

Zum Beispiel verwendeten alle Kakadus, die den Werkzeuggebrauch von Figaro gelernt hatten, nun nicht seine Methode, das Werkzeug an einem Ende zu halten und mit dem anderen Ende zu rechen. Stattdessen schoben sie das Werkzeug parallel zur Belohnung auf Bodenebene ein und schnippten die Cashewnuss mit dem Werkzeug zu sich. Das ist in der Situation bei flacher Bodenbeschaffenheit und einem Gitter davor eigentlich viel effizienter, als die Nuss graduell herauszuschieben, weil man weniger genau sein muss und es schneller geht. Allerdings hatte Figaro seinen Werkzeuggebrauch nicht in exakt derselben Situation erfunden: Wenn wir uns zurückerinnern, passierte die Erfindung in unserer Außenvoliere. Der Balken, auf dem die Belohnung liegen blieb, war nach außen hin leicht abschüssig. Die Schlägermethode der anderen hätte hier nicht funktioniert. Es ist gut möglich, dass Figaro in dieser schwierigeren Situation die für einen Goffin einfachste, funktionierende Methode erfunden hat und diese danach so verinnerlicht hatte, dass er sie weiterhin verwendete. Wir forschen an diesem Punkt im Moment weiter.

Und dann gibt es derzeit noch eine weitere Theorie der sozialen Weitergabe von Werkzeugbau, die sich wiederum hauptsächlich auf Erfahrungen mit Neukaledonischen Krähen stützt. Diese Tiere haben, wie in Kapitel 1 erwähnt, unterschiedliche Werkzeugkulturen, vor allem in der Art, in der sie Pandanusblätter zu Werkzeugen verarbeiten. Sie trennen Streifen von den steifen, fasrigen Blättern ab, die ihnen dann als Stocherwerkzeuge dienen. In unterschiedlichen Regionen haben diese Streifen keine, manchmal hingegen zwei oder sogar drei Stufen vorne hineingearbeitet, die ihnen eine gewisse Spitze verleihen, die nötig ist, um auch in kleineren Baumlöchern verwendet werden zu können. Die Regionalität dieser Werkzeugdesigns deutet darauf hin, dass die Tiere ihre Bautechniken möglicherweise sozial weitergeben.

Erstaunlicherweise lernen sie in bisherigen Experimenten aber nicht besonders gut voneinander. Vielleicht beruhen die ähnlichen Werkzeugformen in Neukaledonien eher auf einer „geistigen Vorlage“, eine Art von grobem, fotografischem Gedächtnis. Wenn ich Ihnen jetzt etwas vorzeichne, zum Beispiel einen selbsterfundenen Alien, und danach decke ich das Bild zu, dann werden Sie vermutlich auch das entstandene Bild in Ihrem Kopf nachzeichnen und nicht meine Bewegungen nachahmen, um sich die Figur vorstellen zu können.

Um dies zu testen, trainierte Sarah Jelbert mit Forschenden von der Universität Auckland Neukaledonische Krähen darauf, dass sie entweder nur für kleine oder nur für große Papierstücke aus einem Futterautomaten belohnt wurden. Im Test mussten die Tiere die Stücke selber reißen, und siehe da: Die Tiere, die vorher für fertig geschnittene kleine Stücke belohnt worden waren, rissen tatsächlich kleinere Fetzen als jene, die für große Stücken belohnt worden waren.

Ein Schimpanse in Leipzig beim Werkzeuggebrauch.

WERKZEUGGEBRAUCH ODER KEIN WERKZEUGGEBRAUCH, DAS IST HIER DIE FRAGE

Werkzeuggebrauch ist durchaus nicht immer sinnvoll, denn es kostet viel Zeit und Energie, Werkzeuge zu suchen oder zu bauen und schließlich auch sie zu verwenden. Manche Tiere treffen daher die Entscheidung, in welcher Situation ihr Gebrauch „vernünftig" ist und wann nicht. Meine ehemalige PhD-Studentin und inzwischen etablierte Orang-Utan-Forscherin Isabelle Laumer zum Beispiel testete unsere Kakadus und die Orang-Utans in Leipzig auf dieselbe Art und Weise: Dafür hatte sie zwei Belohnungsboxen vorbereitet; die eine konnte man nur mit einer Murmel auslösen, die andere nur mit einem Stöckchen. Zu den Boxen hatte sie die relevanten Werkzeuge (Stöckchen und Kugel) parat und zwei Arten von Belohnungen. Kakadus mögen nämlich Cashews lieber als Pekannüsse und Orang-Utans mögen Weintrauben lieber als Futterpellets.

Cashews sind wahre Leckerbissen für Kakadus. Mit einem Stöckchen bugsiert Figaro die Nuss in seine Richtung.

Im Versuch stand eine der (bestückten) Boxen auf dem Tisch und die Tiere hatten die Wahl: Sie konnten zwischen einem Werkzeug und einer (offen daliegenden) Belohnung wählen. Das heißt, wenn man eine entsprechende Entscheidung traf, konnte man die bessere Belohnung ergattern. Und trotz der 320 Millionen Jahre Evolution zwischen den beiden Spezies zeigten sich viele Ähnlichkeiten: Beide achteten nicht nur darauf, ob die „bessere" Belohnung zur Wahl auf dem Tisch lag oder sich in der Box befand, sondern auch darauf, ob sie das richtige Werkzeug zur Hand hatten, um diese zu bekommen.

Tatsächlich: Wenn das falsche Werkzeug zur Wahl stand, wählten sie lieber die weniger gute Belohnung, anstatt leer auszugehen. Die Orang-Utans bestanden am Ende sogar einen Versuch, in dem sich beide Boxen auf dem Tisch befanden, jede mit einer anderen Belohnung geladen, und sie mussten zwischen den beiden Werkzeugen wählen – sie gelangten an die Weintraube. Wenn man bedenkt, wie viele Faktoren hier im Spiel sind, ist das eine beachtliche Leistung!

Das bringt uns wieder zurück zu Kapitel 2, nämlich dazu, wie wichtig Flexibilität und Anpassungsfähigkeit sind, wer seinen Werkzeuggebrauch flexibel einsetzen kann und damit gegebenenfalls auch sparsam umgeht. Wenn er nicht nötig ist, kann man auch in der Natur oft Arbeit sparen und besser Ressourcen erwirtschaften. Figaro zeigte uns in diesem Versuch übrigens aufs Neue, dass das halb ernstgemeinte Harvard-Gesetz über tierisches Verhalten in der Testsituation doch noch gültig ist. Das Gesetz besagt, dass sich Tiere auch unter den kontrolliertesten Versuchsbedingungen genauso verhalten, wie sie es verdammt noch mal wollen: Wenn Figaro einmal nicht die Pekannuss wählte, für die er kein Werkzeug brauchte, sondern die Murmel, jedoch die Box mit der begehrten Cashewnuss auf dem Tisch stand, für die er eigentlich ein Stöckchen bräuchte, baute er sich einfach mal schnell ein neues, indem er Isabelles Stuhl zerlegte.

SANTINOS WUT

Es erregte einiges an Aufsehen, als im Winter 2022 einige Schimpansen im schwedischen Zoo Furuvik ausbrachen – und daraufhin vom Zoo-Management erschossen wurden. Warum bloß? Die Frage, warum man die Ausbrecher nicht bloß betäubte (auch weil das Gelände zu dem Zeitpunkt für die Öffentlichkeit geschlossen war), ist bis heute nicht letztgültig geklärt. Unter den getöteten Menschenaffen war auch einer, der in meinem Feld schon eine gewisse Berühmtheit erlangt hatte, weshalb das Ereignis viele Forschende und Studierende und auch mich selbst traurig machte: Eines der Opfer war Santino, der in seiner Vergangenheit selbst als, ja, „Scharfschütze“ unter den Schimpansen galt.

Santino war ab Mitte der 2000er-Jahre Zoo-Besuchern nicht gerade freundlich gesinnt. Im Gegenteil, offensichtlich mochte er es nicht, dass die Leute zum Glotzen zu nah an sein Gehege, sein Territorium traten. Das äußerte sich etwa darin, dass er sich vor dem Start der Besuchszeit mit großer Gelassenheit ein ganzes Arsenal an Wurfgegenständen bereitlegte: Steine, abgebrochene Betonteile von Gegenständen aus dem Gehege. Wenn die Menschen dann vor sein Gehege traten und ihn entsprechend Wutanfälle überkamen, bewarf er sie damit und wiegelte sich sichtlich an ihrer Flucht auf.

Kognitionszoologe Mathias Osvath von der Universität Lund, der Santinos Verhalten studierte, hält es für möglich, dass Santino auf diese Weise auf eine zukünftige emotionale Situation hinplante. Wenn wir unser imaginäres Wörterbuch „Schimpansisch-Menschisch" konsultieren, könnte Santino sich etwas in dieser Art vorgestellt haben: „Jetzt geht es mir gut, aber wenn später wieder diese glotzenden Wesen ganz nahe kommen, werde ich vielleicht wütend werden. Besser, ich lege mir jetzt schon die Geschosse zurecht, damit ich mich später auslassen kann."

Als die Besucherführungen verständlicherweise begannen, eine Wurflänge Abstand zu halten, wenn Santino vor seinem Arsenal saß, entwickelte er eine neue Masche: Er versteckte seine Geschosse unter kleinen Haufen Heu. Auch schien er seine Emotionen zu unterdrücken und wirkte geradezu desinteressiert, bis die Besuchenden näher gekommen waren, worauf er scheinbar aus dem Nichts in einen seiner nun schon charakteristischen Wutanfälle kippte und die Wurfgeschosse hervorholte. Dies war durchaus keine anekdotische Beobachtung: Osvath und sein Team fanden innerhalb von wenigen Monaten über 30 dieser versteckten Arsenale unter Heu, hinter Stämmen verborgen oder in einer Steinhöhle.

Santinos Verhalten war sicher extrem, nicht nur in puncto seiner aggressiven Reaktion, sondern auch, dass er für seine Wutanfälle durch Planverhalten vorzusorgen schien. Auf jeden Fall gibt es uns einen Geschmack davon, wie man sich bei Tieren auf die Zukunft gerichtetes episodisches Planen, das heißt das Planen von Szenarien, vorstellen kann. Und davon, wie manche Zootiere auf ihr Zur-Schau-Gestellsein reagieren können.

Diese Art von Planungsverhalten ist weit fortgeschritten. Aber auch freilebende Neukaledonische Krähen denken an künftige Bedürfnisse. Wenn sie gerade auf der Futtersuche sind, verstauen sie schon fertig gebaute Stockwerkzeuge, die in „Fresssituationen" bald nützlich werden könnten, in einer Astgabel oder klemmen sie unter ihren Fuß – um sie gleich wieder „bei der Hand" zu haben, wenn sie sie brauchen. Auch unsere Kakadus haben wir in einer ähnlichen Situation getestet.

Eine langgestreckte, rechteckige Box war mit fünf Löchern versehen, hinter denen jeweils eine Belohnung platziert war. In dem Fall waren es Nüsschen, die man mit einem Werkzeug herausstochern konnte. Die Nüsschen waren aber teils in transparente Pillenkapseln aus Cellulose gepackt, was bedeutete, dass die Vögel sie erst mal auspacken mussten, wenn sie aus der Box gefallen waren. Auch präsentierten wir die Box entweder am Boden oder auf einer ein Meter hohen Plattform, sodass die Vögel mit dem Werkzeug im Schnabel hinauffliegen mussten. Es zeigte sich: Wenn die Goffins auf der hohen Plattform Werkzeuge verwendeten, lernten sie schnell, diese mit einer Klaue festzuhalten. Oder sie lehnten sie an die vorherige Futterstelle, während sie das gerade erworbene Nüsschen bearbeiten. Dieses zukunftsorientierte Mitdenken ersparte ihnen – wie den Neukaledonischen Krähen – die Arbeit, nach jedem geleerten Loch das heruntergefallene Stöckchen wieder holen zu müssen.

In diesem Kapitel haben wir gelernt, dass einige Tiere selbst sehr eng definiertem Werkzeuggebrauch gerecht werden, diesen durch verschiedene soziale Techniken an Artgenossen weitergeben können und in manchen Fällen auch situations- und zukunftsorientiert entscheiden können, wann ihre Verwendung Sinn macht. Im nächsten Kapitel werden wir uns noch einen Schritt weiter wagen und uns ansehen, welche Art von Erfindungsgeist nötig ist, um Werkzeuge nicht nur zu verwenden, sondern sich auch selbst herzustellen.

BIEGEN, BAUEN UND BRECHEN

Eine der bemerkenswertesten Wendungen in unserer Art, Tiere wahrzunehmen, gründete in gewissem Sinne auf einem kleinen Ehezwist, auf Opportunismus und Improvisation. Betty und Abel waren zwei Neukaledonische Krähen, die vor über 20 Jahren in Oxford in einer Voliere gehalten und von den Forschern Alex Weir und Alex Kacelnik studiert wurden. Wie wir aus vorigen Kapiteln schon wissen, sind diese Krähen bekannt für ihren Werkzeugeinsatz nicht nur in Gefangenschaft, sondern auch in ihrem natürlichen Lebensraum im Südpazifik. Mit kleinen Zweigen oder den Streifen spezieller Blätter, die sie finden oder abtrennen, stochern oder ziehen sie Käferlarven und andere Insekten hinter der Rinde von Bäumen oder aus Astlöchern hervor.

In Oxford wurde dem Paar 2002 ein Test vorgesetzt, bei dem – es wird Sie mittlerweile kaum überraschen – ebenfalls ein Rohr zum Einsatz kam. Aus einem senkrecht am Boden aufgestellten Zylinder sollten die Krähen einen kleinen Eimer mit Henkel herausholen, der für ihre Schnäbel unerreichbar war und in dem natürlich eine Belohnung deponiert war. Dafür sollten die Tiere das richtige von zwei Werkzeugen auswählen. In diesem Fall war dies ein Haken, den man unter den Henkel schiebt und das Objekt der Begierde so zu sich hinziehen kann. Zur Wahl daneben ein gerades Stück Draht, das für die Bewältigung der Aufgabe eigentlich wenig Nutzen bot.

Abel wagte sich selten an diese Aufgabe heran, machte sich aber in einem Fall mit dem Haken davon. Betty blieb also auf dem scheinbar wertlosen Stückchen Draht sitzen. Doch die erfinderische Krähendame wusste sich zu helfen: Sie klemmte den Draht in das Bodenmaterial oder unter ihre Füße und bog eines der Enden mit dem Schnabel zu einem funktionierenden Haken zurecht. Den verwendete sie, um die Belohnung aus dem Rohr zu holen.

In ein paar Versuchen der Testreihe stahl daraufhin Abel seiner Gattin den erarbeiteten Leckerbissen. Dennoch ist es besser, diese hochsozialen Wesen gemeinsam zu testen, weil eine Separierung bei ihnen Stress auslösen würde und sie sich nicht auf die Aufgaben konzentrieren könnten. Abel hat übrigens nie einen Haken gefertigt, obwohl er seiner Partnerin sehr häufig beim Biegen des Drahtes zusah.

Neukaledonische Krähen formen in der Natur auch Haken aus Holz, aber mit einer anderen Technik, auf die wir später in diesem Kapitel noch kommen. Betty hatte in Oxford zuvor schon fertig gebogene Haken verwendet, das heißt, sie wusste bereits, wie man einen Haken verwenden kann, aber sie hatte noch nie zugesehen, wie einer aus Draht gebogen wurde.

Werkzeuggebrauch in der Tierwelt ist, wie im letzten Kapitel schon angesprochen, ein an sich sehr seltenes Phänomen. Aber die Werkzeugherstellung ist noch einmal eine ganz andere Kategorie und eine besondere Leistung: Tiere, die dazu imstande sind, stellen sich die Hilfsmittel für das Lösen eines Problems „eigenhändig" (oder, im Fall der Krähen, eigenschnäbelig) her.

Dieses Können ist nicht so weit über den Stammbaum der Tiere verbreitet wie Werkzeuggebrauch, sondern – soweit wir bis jetzt wissen – auf einige Primaten sowie innerhalb der Vögel auf nur zwei Krähen- und zwei Kakadu-Arten beschränkt. Die Erfindung eines neuen, selbst gebauten Werkzeugs ist besonders interessant, da sie wohl eine gewisse Planungsfähigkeit voraussetzt. Wie setzen Tiere ihre Ideen damit konkret um? Und wie steht es um menschliche Kinder, stellen sie sich dabei ähnlich geschickt an wie Betty?

REISSEN, ZUSAMMENSETZEN, FORMEN

Als Jane Goodall den Werkzeuggebrauch bei den Schimpansen in Tansania entdeckte, war schon die erste Facette von „Herstellung" erkennbar: Die Tiere brachen für ihre Halm- und Astwerkzeuge zunächst einen Zweig von einem Strauch oder Baum ab, um diesen im nächsten Schritt zu modifizieren, etwa indem sie Blätter und kleinere Seitenäste entfernten, um eine glatte Fressangel zu erhalten. In diesem Sinn gibt es ganz verschiedene Typen von Werkzeugherstellung, die auf verschiedenen Levels von Komplexität angesiedelt sind.

Zu den einfachsten Formen gehört eben dieses „Abtrennen", wie Goodalls Schimpansen es mit ihren Stöckchen im ersten Schritt taten. Beachtenswert sind auch hier die Neukaledonischen Krähen: Sie brechen ebenfalls Ästchen von Bäumen ab und modifizieren sie, ähnlich den Schimpansen. Sie reißen aber auch Streifen von den Blättern der Pandanuspalme (oder Schraubenbaum) ab, die an den Rändern gezackt sind wie das Blatt einer Aloe-Vera-Pflanze.

Bemerkenswert ist dabei, dass sie offenbar genau darauf achten, von welcher Seite sie den Streifen abtrennen. Nämlich immer so, und das ließ sich wissenschaftlich nachweisen, dass die Zacken nach hinten zeigen. Wenn das Werkzeug unter die Rinde eines Baumes geschoben und eine Käferlarve mit dem Pandanusstreifen aufgespießt wird, wirken die nach hinten gerichteten Zacken wie Angelhaken. Die Larve lässt sich entsprechend leichter hervorholen, ohne dass das Werkzeug abbricht. Interessanterweise zeigte die neuseeländische Forscherin Jenny Holzhaider, dass die Orientierung der Zacken von der Richtung bestimmt wird, in der die Krähen die Streifen von einem Blatt abreißen. Vom Abtrennen unterschieden wird das „Subtrahieren" oder „Abziehen", unter das verschiedene Modifikationen fallen, bei denen die Tiere das Objekt schon halten können, aber noch verändern, indem sie bestimmte Teile davon entfernen: Bei den Astwerkzeugen der Schimpansen richten sich manche von ihnen diese schon fertig her und zwicken alle Seitenäste ab – und diese Modifikation könnte als Abziehen gelten –, bevor sie das Werkzeug in das Termitenloch stecken. Andere Tiere beginnen erst dann damit, wenn sie das Werkzeug, den Stock, bereits in eine Röhre oder einen Spalt eingeführt haben und bemerken, dass die Verzweigungen ein Fortkommen blockieren.

Wir kennen dieses situative Anpassen auch von einigen unserer Kakadus, die, das Werkzeug schon im Schnabel, kurz innehalten und noch ein Stück davon abzwicken, weil sie zu merken scheinen: Da passt etwas noch nicht ganz! Manche Neukaledonische Krähen stellen auch in der Natur Werkzeuge her, die am Ende einen Haken haben. Allerdings sind diese Haken, anders als bei Betty, aus Holz gefertigt. Das Bauen dieser Holzhaken scheint bei jenen Vögeln ein recht standarisierter Prozess zu sein. Der neuseeländische Forscher Gavin Hunt und andere Forschende beobachteten wiederholt, wie die Krähen sich einen passenden Ast mit einer Gabelung aus zwei Zweigen aussuchten.

Mit ihrem Schnabel knipsen sie direkt hinter der Gabelung den einen Seitenzweig ab, sodass nur ein kurzes Reststückchen davon übrigbleibt. Dann brechen sie den Ast direkt vor der Gabelung ab, sodass der übrige lange Zweig eine Art Stock mit dem kurzen Zweig als Haken am unteren Ende bildet. Von dem langen Zweig werden anschließend die Blätter entfernt. Als großes Finale wird in einigen Fällen der Haken noch weiter mit dem Schnabel bearbeitet, um ihn zu schärfen – voilà, der perfekte Larvenspeer!

Deutlich weniger häufig als das Subtrahieren ist das „Addieren“, also das Zusammenbringen von mehreren Objekten, um ein Werkzeug zu bauen. Es gibt einige Situationen, in denen Tiere mehr als ein Objekt zusammenfügen und damit ein Ziel erreichen: Beispiele dafür sind das schon beschriebene Auffüllen eines Wassergefäßes mit Steinen, um den Pegel zu heben. Oder auch eine Aufgabe, bei der Kugeln in ein Rohr hineingeschoben werden müssen – etwa von Keas oder Kakadus –, damit die Kugelschlange, die sich in dem Rohr anstaut, aus der anderen Öffnung eine Belohnung schiebt. Jedoch handelt es sich bei diesen Beispielen nicht um Werkzeugbau. Der setzt nämlich voraus, dass der zusammengesetzte Gegenstand danach auch gehandhabt und verwendet werden kann.

Dennoch: Schon die frühen Experimente von Wolfgang Köhler an Schimpansen zeigten, dass die Tiere tatsächlich, zumindest in menschlicher Haltung, die Kapazität haben, zwei oder mehr Gegenstände zu einem Werkzeug zu verbinden. Sie sind etwa von allein draufgekommen, Rohre ineinanderzustecken, um sie bei Bedarf zu verlängern und so eine Belohnung zu ergattern, die sich außer Reichweite befindet.

Köhler bezeichnete diese Innovation übrigens, wie das Stapeln von Kisten, um Höhe zu gewinnen, als ein Ergebnis von „Einsicht“ (mehr zu diesem Begriff siehe Kapitel 4). Ein weiterer deutscher Primatologe, Jürgen Lethmate, führte in den 1970er-Jahren ähnliche Versuche an Orang-Utans durch: Die Tiere splitterten Holzstücke, um diese in Rohre stecken zu können. Daraus bauten sie längere Werkzeuge – aus bis zu fünf Einheiten.

Man sollte annehmen, dass solches Verhalten nur bei Tieren vorkommen kann, die zwei Arme und vor allem zwei Hände haben, aber manchmal wird man überrascht. Meine Schwester Auguste wollte Neukaledonische Krähen in einem Versuchsaufbau testen, in dem diese die Möglichkeit haben, Stäbchen in dünne Rohrstücke zu stecken, um, wie die Orang-Utans, ein längeres Werkzeug zu schaffen, mit dem sie am Ende eine Belohnung aus einem Gitterkäfig erwischen konnten. Ich traue diesen Tieren inzwischen relativ viel zu, aber in jenem Fall höre ich mich noch zu meiner Schwester sagen: „Das machen sie nie!“

Und doch: Vier von acht Krähen steckten tatsächlich die Stäbchen in die Rohre und konnten mit dem so verlängerten Werkzeug die Belohnung erreichen. Die Krähe Mango fügte, als noch kürzere Rohre und Stäbchen angeboten wurden, sogar aus drei oder vier Stücken Werkzeuge zusammen. Ich sage Ihnen ganz ehrlich: Als Wissenschaftlerin freut man sich manchmal durchaus, wenn man falschliegt.

Die letzte größere Kategorie tierischen Werkzeugbaus ist das „Umformen“, bei dem die Gestalt eines Gegenstandes verändert wird, um seine Verwendung als Werkzeug zu erleichtern oder überhaupt erst zu ermöglichen. Das sieht dann etwa so aus: Wilde Schimpansen kauen in manchen Fällen die Spitzen ihrer Werkzeuge in buschige, gut eingespeichelte Bürstchen, bevor sie diese in die Termitenlöcher stecken. Dies könnte dazu dienen, den Termiten eine breitere Angriffsfläche zu bieten, damit sich mehr von ihnen in das Werkzeug verbeißen.

Ein weiteres interessantes Beispiel ist eine Orang-Utan-Dame namens Josephine, die in den späten 1990er-Jahren im Zoo von San Diego Werkzeuge verwendete, um Apfelsoße aus einem künstlichen Termitenbau zu fischen. Dies ist mit einem Stock denkbar ineffizient, deshalb kaute Josephine das eine Ende des Stockes in eine schwammige Masse. Die Autoren beschreiben das Endprodukt funktionell als einen Schwamm an einem 80 Zentimeter langen Stiel. An diesem „Schwamm" saugte sie mehrmals, nachdem sie ihn in die Apfelsoße getaucht hatte. Allerdings war diese Erfindung selbst wohl einmalig, daher können wir nicht ausschließen, dass es sich um einen Zufall handelte.

Bei unseren Goffin-Kakadus haben wir uns darüber hinaus angeschaut, wie sie unterschiedliche Werkstoffe formgebend bearbeiten. Von Figaro wussten wir ja bereits, dass er Werkzeuge nicht nur benutzen kann, sondern auch selbst aus Holz baut; von allen anderen in der Gruppe war uns das unklar. Als wir den anderen (ohne weiteres Vormachen durch Figaro) statt fertigen Stückchen kleine Holzbretter aus Lärchenholz vorsetzten, kamen sie schnell von selbst darauf, sich einen Splitter als Werkzeug herauszureißen. Ihre Schnäbel sind so kräftig, dass sie direkt ins Holz „hineinbeißen" konnten. Nun hatten wir aber eine Erklärung für dieses Verhalten, die uns den Forschungserfolg madig machte: Kakadus zerstören generell gerne Dinge. Vielleicht wollten sie also gar kein Werkzeug bauen, sondern bissen einfach aus Langweile in das Holz. Holz hat schließlich Alterslinien, nach denen es länglich splittert – vielleicht haben die Tiere ihre neuen Stecken ganz zufällig hergestellt.

Um das zu untersuchen, gaben wir ihnen andere Materialien, die andere Arten des Werkzeugbaus erforderten, um mit dem gleichen Ziel zu enden: Bei vorgesetzten natürlichen Zweigen knipsten sie – wie bereits beschrieben – Seitenzweige weg und passten auch, das Stöckchen mit einem Fuß festhaltend, die Länge an. Pappe wiederum ist ein Material, bei dem die Formgebung nicht so leicht vom Material ausgeht: Als Kakadu kann man es weder brechen noch reißen, sondern muss es tatsächlich aktiv mit dem Schnabel in die gewünschte Form schneiden.

Wenn man den Goffins also einen Bogen Pappe vorsetzte, schnitten sie wirklich Zentimeter für Zentimeter an der Kante entlang einen Streifen ab, bis sie ein Werkzeug erhielten, das die richtige Länge hatte, um die Belohnung zu erreichen. Dieses trennten sie mit einem aufwärtsgerichteten Hieb mit dem Oberschnabel aus der Platte. In seltenen Fällen bauten sie es etwas zu kurz, um an die Belohnung zu kommen. In diesem Fall versuchten sie nicht einmal, das Werkzeug in die Futterbox zu stecken, sondern machten sofort ein neues, längeres. Außerdem: Als wir anfingen, die Entfernung der Belohnung zu variieren, fertigten sie längere Pappstreifen, wenn die Belohnung weiter weg war, als wenn sie sich in der Nähe befand. Wer arbeitet schon gerne umsonst!

Andere Materialien kamen bei den Kakadus übrigens weniger an, etwa Bienenwachs. Das war ihnen offensichtlich zu klebrig und wurde mit Gusto vom Tisch geschleudert. Dennoch zeigen unsere Untersuchungen, dass diese Spezies in der Lage ist, unterschiedliche Materialien zu erfassen, die schließlich auch unterschiedliche Bearbeitungsformen erfordern. Das beweist – aufs Neue – ihre Flexibilität. Und der Vogel scheint nachzuvollziehen: Was sind die Anforderungen, die ein Steckenwerkzeug haben muss, um die jeweilige Aufgabe lösen zu können?

Auch Biegen gehört übrigens zur Umformung: Wenn Neukaledonische Krähen ein Astwerkzeug verwenden, halten sie es leicht nach links oder rechts gerückt im

Schnabel. Das nach hinten stehende Ende geht so an einer Seite ihres Kopfes vorbei, das nach vorne stehende Ende erweitert den Schnabel, aber eben etwas nach links oder nach rechts verschoben. Es gibt unter Krähen, wie bei unserer Händigkeit, linksschnäblige und rechtsschnäblige Vögel.

Vermutlich damit sich diese seitliche Verschiebung nach vorne hin ausgleicht, biegen die Tiere den Schaft ihres Werkzeugs vorher so zurecht, dass am Ende die Werkzeugspitze (oder der Haken) nach vorne zeigt. Man kann sich das etwa so vorstellen wie den Lautsprecher eines Headsets, der in Richtung unseres Mundes gebogen werden muss, damit wir vom Gegenüber gehört werden können, wenn wir sprechen.

Das Biegen eines Hakens aus Draht, das Betty in Oxford demonstrierte, gehört natürlich auch zu diesem Umformen. Wir haben uns von diesem Versuch

Betty, die hakenbiegende Neukaledonische Krähe aus Oxford.

Den Haken am unteren Ende des Pfeifenputzers hat dieser Goffin selbst zurechtgebogen.

inspirieren lassen, und Isabelle Laumer testete (wie auch in anderen, zuvor vorgestellten Werkzeugaufgaben) Orang-Utans und Goffins im selben Set-up. In dem einen Fall platzierten wir in einem aufrecht stehenden Rohr ein Körbchen mit einer Belohnung, dessen Bergung einen Haken erforderte; es stand aber nur ein gerades Stück Pfeifenputzer zur Verfügung. In dem anderen Fall bekamen die Tiere ein waagrechtes Rohr mit einer Belohnung in der Mitte; es war aber nur ein um 90 Grad gebogener Pfeifenputzer verfügbar.

Das Ergebnis: Jeweils zwei Orang-Utans und Goffins bogen regelmäßig Haken in der Körbchen-Aufgabe und jeweils vier bogen den Pfeifenputzer für das waagrechte Rohr gerade. Was besonders bemerkenswert war: Jeweils ein Orang-Utan und ein Goffin, die im Versuch Haken bogen, hatten im Gegensatz zu Betty noch nie in ihrem Leben einen Haken verwendet.

Ein Orang-Utan und ein Goffin haben den Haken in diesem Versuch also nicht nur gebaut, sondern für ihre jeweilige Spezies neu erfunden. Das ist durchaus beachtlich, denn die ältesten Haken, die wir von Menschen kennen, sind Fischhaken, die vor etwa 40.000 Jahren in Indonesien verwendet wurden. Man muss aber dazu sagen, dass solche Fischerhaken oft aus Materialien wie Knochen oder Muscheln gefertigt sind. Gut möglich, dass wir schon viel früher Haken aus Holz verwendeten – leider erhielten sich nicht alle Materialien gut, aus denen wir Werkzeuge bauten.

KINDLICHER ERFINDERGEIST?

Bettys Beispiel war, nicht zuletzt durch die Medien, für lange Zeit wohl einer der bekanntesten Nachweise für tierischen Erfindungsgeist. Weniger bekannt aber ist, dass Bettys Verhalten die Kognitionswissenschaft gewissermaßen auf den Kopf stellte, weil sie die Aufgabe, die die Forscher ihr eigentlich gestellt hatten, völlig umgestaltete. Betty war nicht nur innovative Anwenderin der Werkzeuge, die ihr zur Verfügung standen, sie schaffte den Sprung zur Gestalterin eines Wissenschaftsdesigns. In der Folge auch eines Wissenschaftsdesigns, um Menschen zu testen.

Im Regelfall werden bei vergleichenden Versuchen zwischen Menschen und Tieren Tests, die aus der menschlichen Psychologie stammen, für Tiere angepasst. Die Tiere werden also nach unseren Standards getestet. Doch in Bettys Fall war es umgekehrt: Das Versuchsdesign, das sie erfunden hatte, wurde auf Menschen angewandt. Konkret: auf menschliche Kinder.

Die britische Entwicklungspsychologin Sarah Beck testet schon seit vielen Jahren die Fähigkeit von Kindern, Werkzeuge zu erfinden, und zwar: anhand von Bettys Vorgabe. Die Kinder bekamen in ihren Versuchen dasselbe aufrechte Rohr, nur war in dem Körbchen diesmal ein Sticker und kein Wurm. Zu Becks großer Überraschung schnitten Kinder bei dieser Aufgabe unerwartet schlecht ab. Während die Forschenden damit gerechnet hatten, dass Kinder diese Aufgabe mit etwa fünf Jahren meistern, schaffte die Mehrheit der Kinder (über 50 Prozent innerhalb einer Altersstufe) es erst ab einem Alter von acht Jahren, den Pfeifenputzer zu einem Haken zu biegen und so auf die Lösung des Problems zu kommen.

Bei all der Evidenz dachten sich die Forschenden, die die Studie mit den Menschenkindern durchgeführt hatten, sie müssten dabei etwas falsch gemacht haben. Es konnte doch nicht sein, dass erst die Achtjährigen die Aufgabe lösen konnten! Sie überlegten also, woran das Scheitern des Experiments liegen könnte. Zunächst kam die Idee auf, dass die Kinder vielleicht nicht wussten, dass man den Pfeifenputzer biegen konnte. Daraufhin testeten sie eine komplett neue Gruppe, zeigten diesen Kindern aber vorab, wie sie einen Pfeifenputzer in einer Spirale um einen Bleistift wickelten und dass die Spirale ihre Form behielt, selbst wenn man den Bleistift herauszog. Bloß hatte diese neue Erkenntnis keinerlei Einfluss auf den Alterseffekt beim Hakenerfinden.

Woran konnte es sonst liegen? Möglicherweise hatte man es mit sehr artigen Kindern zu tun, dachte die Forschungsgruppe, die meinten, dass sie den Pfeifenputzer im Test vielleicht nicht biegen dürften. Also trat vor dem Versuch eine Handpuppe namens „Heinz“ auf, die den Kindern klipp und klar erklärte, dass sie etwas mit dem vorhandenen Material „machen“ können. Bloß half das wieder nichts, der Alterseffekt blieb derselbe.

Vielleicht brauchten sie einfach Erfahrung mit den Materialeigenschaften von Pfeifenputzern? Die zu testenden Kinder bekamen schon vor dem Experiment Pfeifenputzer in die Hände, aus denen sie verschiedene Dinge bauen durften. Und wieder nichts: Es hatte keinerlei Auswirkung auf ihre Testleistung.

Bis dahin war der Test nur an britischen Kindern hauptsächlich im städtischen Raum durchgeführt worden. Aus wissenschaftlicher Sicht hat diese Forschung damit einen „Bias“, also eine Schlagseite, weil die Testpersonen nur aus industrialisierten, reichen, demokratischen Ländern stammten. Vereinfacht könnte man sagen: Unsere Kinder mit Zimmern voller fertiger, moderner Spielzeuge sind mit so etwas wie Werkzeugerfindungen vielleicht eher überfordert als Kinder, die in einer „natürlicheren" Umgebung aufgewachsen sind. Also bezog eine andere Forschungsgruppe um den Entwicklungspsychologen Mark Nielsen auch indigene Kinder der San aus Südafrika in die Studie ein, die dort in der Kalahari aufgewachsen waren. Was soll ich Ihnen sagen: mit demselben Effekt, der wirklich sehr stabil zu sein scheint.

Auch wir hatten über die letzten Jahre ein kollaboratives Projekt mit Sarah Beck, um die Werkzeuginnovation von Kakadus mit jenen von Kindern unterschiedlichen Alters zu vergleichen. Diese Zusammenarbeit zeigte, dass auch in Situationen, die völlig andere Werkzeugerfindungen benötigten als das Hakenbiegen, dieselbe Altersblockade erhalten blieb. In einer Aufgabe wurde der Alterseffekt sogar nach hinten verlängert, wie wir im nächsten Kapitel erfahren werden. Dies war nicht nur für uns überraschend. Es gab immer wieder Eltern, die zuvor felsenfest davon überzeugt waren, dass ihr Kind diese Aufgabe schon beherrschen müsste. Und waren dann fast ein bisschen entsetzt, dass sie es (großteils) nicht konnten.

Obwohl also schon eineinhalbjährige Kinder Werkzeuge verwenden können, wenn sie es gezeigt bekommen, können wir sie lange Zeit nicht selber neu erfinden. Entweder sind wir bis dahin kognitiv nicht in der Lage dazu, was ich bezweifle, oder andere Phänomene blockieren den Erfindergeist in dieser Entwicklungsphase zwischen zwei und acht Jahren.

Denn diese Phase ist schon eine besondere. Bis Kleinkinder zwei Jahre alt sind, sind sie an allen Dingen gleichermaßen interessiert, sie schlagen Dinge gegeneinander, stapeln sie, stecken sie ineinander. Eigentlich brauchen Sie einem Kind in dem Alter keine Spielsachen zu kaufen. Eine leere Plastikflasche ist für sie oder ihn genauso interessant und muss dringendst untersucht werden wie die neue teure Puppe. Ganz objektorientiert und konzentriert überprüfen sie Gegenstände – ich habe bei meinen Kindern diesen gewissen Ausdruck mit dem spitzen Mund das „Exploriergesicht“ genannt. Diese Phase ist mit ungefähr drei Jahren wieder vorbei.

Ab jenem Alter interessieren sie sich dann viel eher für „Spielsachen“, eben Dinge, die auch eine andere Form von Spiel erlauben als das Explorieren: nämlich das, was in der Wissenschaft das „So-tun-als-ob“-Spiel (pretend play) genannt wird, Rollenspiele und das Vorspielen von Szenen, zum Beispiel in einer Kinderküche, im Kaufmannsladen oder mit Puppen. Die Kinder tun so, als wären sie selbst Kassierer und die Stofftiere stünden in der Schlange und spielten in der Szene auch mit. Es wirkt so, als würden die jungen Darstellenden diese „Erwachsenensituationen“ durchleben, durchspielen. Diese Spielphase wiederum dauert an, bis sie sieben oder acht Jahre alt sind.

Das legt nahe, dass Kinder bis zu diesem Alter einen starken Fokus auf Imitation haben. Natürlich kann ein So-tun-als-ob-Spiel recht fantasievoll werden, aber Studien zeigen, dass Kinder in jenem Alter So-tun-als-ob-Spiele bevorzugen, die sich an reale tägliche Situationen aus dem Erwachsenenleben anlehnen. Erfindertum, besonders wenn es um technische Erfindungen geht, erfordert dagegen eher, dass man in der Lage ist, sich von nachgeahmtem Verhalten völlig loszukoppeln, um etwas Neues auszuprobieren. Es ist noch weitere Forschung nötig, aber es gibt schon ein paar Hinweise darauf, dass wir auf der richtigen Spur sein könnten: In der Phase der Rollenspiele lässt sich zeitgleich nämlich ein Phänomen nachweisen, das „Über-Imitation“ heißt.

Dazu sollten die Testpersonen, eben Kinder im entsprechenden Alter, aus einer versperrten Apparatur einen Sticker herausholen. Der Versuchsleiter zeigte zunächst einmal, wie die Sperre zu lösen war, etwa indem zwei Riegel zur Seite geschoben werden, um sich die Belohnung schnappen zu können. Er machte aber noch etwas: Bevor er entriegelte, klopfte er zweimal auf eine bestimmte Stelle an der Apparatur, was keinerlei

Effekt auf die Entriegelung hatte – aber die Kinder auf die Probe stellte.

Kinder, die sich in der Phase der Über-Imitation befanden, machten das Klopfen nach – wenngleich sie wohl schon erkennen konnten, dass sich die Riegel auch ohne Klopfen öffnen ließen. Schimpansen dagegen blieben von den nicht-relevanten Handlungen des Versuchsleiters völlig unbeeindruckt und ahmten nur die tatsächlich relevanten Handgriffe nach, die nötig waren, um an die Belohnung zu kommen.

Von Hunden wiederum kennen wir diese Über-Imitation auch – sie sind so lange schon in menschlicher Gesellschaft geradezu darauf fixiert, uns Dinge nachzumachen. Mein ehemaliger Doktorvater und nunmehriger Kollege Ludwig Huber hat im Clever Dog Lab unseres Messerli-Instituts in Wien dazu einen Versuch entwickelt: Ein Mensch krabbelt wie ein Hund am Boden und berührt bestimmte, völlig unbedeutende bunte Punkte an der Wand mit der Nase, bevor er sich hinter einer kleinen Schiebetür eine Belohnung abholt. Diese Schiebetür stellt das eigentlich zu lösende Problem dar. Der Versuch zeigt, dass viele Hunde tatsächlich wie wir Menschen in unserer Kindheit „über"-imitieren: Sie drücken brav die Punkte auf der Wand, bevor sie die Schiebetür betätigen.

Falls Sie Kinder haben oder kennen, die nicht in jene Muster zu passen scheinen: Es gibt tatsächlich immer wieder auch Ausreißer, die diese Übungen schon im Alter von drei oder vier Jahren durchschauen. Dennoch ist die grundsätzliche Erklärung für mich bestechend: In der Phase, in der unsere Menschenkinder dabei sind zu lernen, mit den Komplexitäten der Erwachsenenwelt umzugehen und diese in Rollenspielen zu erfassen, legen sie einfach mehr Augenmerk auf das in ihrem sozialen Umfeld existierende Verhalten und sinnvollerweise nicht darauf, sich völlig neues Verhalten anzueignen.

Witzigerweise geht es bei diesem Alterseffekt offenbar nicht ums Problemlösen im Allgemeinen; er dürfte sich explizit beim Erfinden von Werkzeugen speziell bemerkbar machen. Die Innovationsarena etwa lösen Kinder schon viel früher. Der Weg zur Lösung kann von der Struktur des Problems manchmal bereits vorgegeben sein, wenn etwa die Problemstellung auch schon eine Art „Handlungsanleitung" vorgibt. Denken wir noch einmal an den Kakadu oder an den Schimpansen, die einen Stock mit Seitenästchen ins Loch schieben und währenddessen die Ästchen abknipsen. Dabei muss das Tier sich nicht vom Ziel entfernen.

Nur dann, wenn ein entsprechendes Stöckchen schon für einen konkreten Einsatz vorbereitet wird, muss man sich bereits vorab überlegen, was man später damit tun will. Genau dafür braucht es innovatives Potenzial: Wenn ein Kind schließlich einen Haken biegen kann, hat es begriffen, dass es das zuerst machen muss, weil der Haken in der späteren Situation einen konkreten Zweck erfüllen soll. Ich glaube, eigentlich ist dieses Wissen auch bei den Sechsjährigen schon vorhanden – bloß wird es unterdrückt. Also, keine Sorge! Das sagten wir auch den motivierten Eltern unserer jungen Versuchspersonen. Es ist völlig normal, dass ihr Kind mit fünf noch keine Betty ist.

7

MEHR ALS NUR EIN WERKZEUG

Vor einigen Wochen machte ich mich wieder auf den Weg zu unserem Feldforschungsteam Berenika und Mark nach Indonesien, genauer gesagt zum Tanimbar-Archipel, einer Inselgruppe zwischen Indonesien und Australien, die zu den Molukken gehört. Um dort hinzukommen, flog ich zunächst nach Jakarta, die größte Stadt Indonesiens und bis August 2024 Hauptstadt des Landes, auf der Insel Java.

Wir arbeiten dort mit dem Wissenschaftsinstitut BRIN zusammen, vor allem mit der ornithologischen Abteilung, geleitet von Professorin Dewi Prawiradialga. Die Biodiversität der indonesischen Inseln ist ein enormer Schatz. Daher ist es eine Ehre für uns aus Europa, zusammen mit indonesischen Forschenden an diesem Naturphänomen teilhaben zu dürfen. Berenika und Mark machen in Java oft einen längeren Zwischenstopp, um sich wissenschaftlich auszutauschen und das kommende Projekt zu besprechen.

Ich treffe in Jakarta unsere Postdoc-Mitarbeiterin Theresa Rössler, die eigentlich in Singapur forscht, sich aber gerade in Indonesien aufhält, um ihr Visum für Singapur zu erneuern. Theresa kommt diesmal auf einen Laborbesuch mit nach Tanimbar. Mit dem Flugzeug geht es also weiter über die vielen Inseln des Archipels nach Ambon, die Hauptstadt der Molukken. Dort treffen wir Mark und Berenika. Die beiden bleiben üblicherweise dort ein paar Tage länger, etwa um an der örtlichen Universität Vorträge zu geben.

Für uns ist es diesmal nur ein Zwischenstopp, bevor wir in eine noch kleinere Propellermaschine umsteigen und es in Richtung Yamdena geht, jene Insel, auf der das Tanimbar Goffin Lab stationiert ist. Mit etwa 3000 Quadratkilometern ist sie die größte Insel des Tanimbar-Archipels.

Das Gebiet zwischen Indonesien und Australien, in dem sich die Tanimbar-Inseln befinden, wird auch als „Wallacea“ bezeichnet. Als der junge britische Naturforscher Alfred Russel Wallace in den 1850er-Jahren die

Fauna der Inseln in diesem Bereich, der später nach ihm benannt wurde, studierte, fiel ihm etwas Merkwürdiges auf: Auf Bali waren fast nur asiatische Spezies zu finden, während die nächste Insel, Lombok, hauptsächlich australische Tierarten beheimatete – obwohl die beiden Inseln weniger als 50 Kilometer voneinander getrennt sind.

Heute wissen wir, dass dies an der Bewegung der Kontinentalplatten und den Veränderungen des Meeresspiegels im malaiischen Archipel liegt. Während die Sundaplatte einen Teil der malaiischen Inseln, unter anderem auch Bali, unter Wasser mit dem Festland Asiens verbindet, ist die Sahulplatte für Inseln australischen Ursprungs verantwortlich. Dabei wurden zwischen den beiden Platten auch einige neue Inseln aus dem Wasser gehoben. Das nach Wallace benannte Wallacea ist genau dieses Übergangsgebiet zwischen den Kontinentalplatten, zu dem auch die Insel Lombok und die Tanimbar-Inseln gehören. Jenes Gebiet bildet zwar eine Überganszone australischer und asiatischer Arten, wird jedoch aufgrund der Meerestiefen und der starken Strömungen an der östlichen Grenze hauptsächlich von Arten australischen Ursprungs besetzt.

Dennoch unterscheiden sich viele Tiere auf den malaiischen Inseln von jenen auf dem Festland. Zum Beispiel gab es auf einigen Inseln (auf Borneo übrigens immer noch) Zwergelefanten, die den asiatischen Elefanten ähneln. Auf den Komodo-Inseln wiederum lebt eine XL-Edition der Warane, die man in Australien findet. Lustigerweise stammt der Komodowaran aber, neuester Forschung zufolge, wahrscheinlich von größeren, ausgestorbenen australischen Arten ab. In Wallacea sind natürlich auch etliche Vogelarten beheimatet, darunter Kakadus wie den Goffin, die eine eigene Spezies gebildet haben, die den Festlandspezies zwar ähneln, sich aber von ihnen abgrenzen.

Als Teil von Wallacea ist das Tanimbar-Archipel, wie schon erwähnt, nicht von Australien abgebrochen, sondern erst vor einigen Millionen Jahren aus dem

Ozean aufgetaucht. Das bedeutet nicht nur, dass der dort entstandene Goffin-Kakadu eine recht junge Spezies ist, sondern auch, dass die Bedingungen auf seinen Inseln möglicherweise andere waren als auf Inseln, die sich nie vollständig unter Wasser befanden. Dies könnte, wie in Kapitel 2 beschrieben, die Flexibilität der Goffins und die Erfindung des Werkzeuggebrauchs gefördert haben.

Zurück ins Hier und Jetzt: In Yamdena angekommen, erwartet einen eine Jumanji-artige Dschungellandschaft, riesige, knorrige Bäume mit Lianen – da sieht man schon einen Kakadu über die Straße fliegen! Die Insel ist von weißen Sandstränden umgeben, die von einem hellgrünen Prunkwindengewächs voll rosafarbener Blüten umringt werden, hinter dem sich Kokospalmen und Seemandelbäume schräg hervorheben. Das Inselinnere besteht hauptsächlich aus Primärwäldern, die stark von der australischen Pflanzenwelt beeinflusst sind. Auf diese sind unsere Kakadus für ihre Brutstätten angewiesen, denn sie benötigen, wie bei uns die Eulen, hochliegende, tiefe Baumhöhlen. Dabei ist man als Kakadu recht wählerisch, denn die Bäume sollten dick, glatt und relativ frei von Lianen sein, damit (wörtlich zu nehmende) Schlingel wie die Tanimbarpython und andere Eierdiebe nicht daran hochklettern können.

Die Insel hat aber auch jüngere Wälder, sogenannten Sekundärwald, die vollständig mit dichtem Überwuchs bedeckt sind und von Beobachtungstürmen aus wie eine giftgrüne Hügellandschaft aussehen. Dazu gibt es am Rand der Insel vom Menschen angelegte landwirtschaftliche Flächen, immer wieder unter Einsatz von Brandrodung, zum Beispiel für den Anbau von Bananen, Papayas, Mangos und diversem Gemüse. Außerdem sind da riesige Grasflächen mit invasivem Elefantengras, das hartnäckig andere Pflanzenarten verdrängt. Die Waldränder und den Sekundärwald durchzieht eine Krautschicht, durch die man sich nur mit einer Machete arbeiten kann. Den Knauf von Marks Machete ziert passenderweise – wie den Regenschirm von Mary Poppins – der Kopf eines Kakadus, den er selbst geschnitzt hat.

In unserem „Forschungswald" haben Mark und Berenika, ebenso erfinderisch wie ihre Forschungsobjekte, mit Bewegungskameras ausgerüstete Futterplattformen gebaut, die sich auf eine Höhe von sechs Metern hochziehen lassen, um den Kakadus das Gefühl zu geben, sie befänden sich hoch oben in den Wipfeln. Diese Plattformen werden unregelmäßig – damit die Tiere nicht davon abhängig werden – mit natürlicher Nahrung bestückt oder es wird eine Experimentierbox daran befestigt. Daneben gibt es Beobachtungstürme, auf denen die Forschenden in Netze und Camouflage gepackt hocken können, um die Vögel zu beobachten. Diese Ebenen und Gerüste wie auch die gesamte Forschungsstation haben die beiden mithilfe von Pak Wilhelmus, Pak Yakobus und Pak Petrus (Pak heißt „Herr" auf Indonesisch) gebaut. Alle drei gehören benachbarten einheimischen Familien des Hurlatu-Clans an und nehmen, wenn das Forschungsteam vor Ort ist, am Stationsleben teil.

Die kleine Station mit Küche, Büro und Schlafbereich sowie Besprechungszimmer sprießt dort quasi aus dem Dschungel, ist mittlerweile auch schön bewachsen. Fließend Wasser und Strom gibt es auf Yamdena nur in der einzigen Stadt Saumlaki. An der Station müssen zwei Stunden Strom dank Generator am Abend reichen, das Wasser wird in einem großen Kanister gelagert. Geschlafen wird in Hängematten, die in Moskitonetze gehüllt sind, nicht nur wegen gelegentlich gesichteter schwarzer Todesottern, sondern auch wegen Kakerlaken und australischen Jägerspinnen.

Nach einer hoffentlich erholsamen Nachtruhe, zum bellenden Quietschen der Tokay-Geckos unter den Dachplatten, rüstet Pak Petrus uns in der Früh mit heißen, frisch frittierten Bananen und Kaffee aus, wenn wir um vier Uhr mit der Stirnlampe aus unseren Hängematten kriechen. Dann machen wir uns auch schon auf den Weg, um mit Mark den Vögeln zu Fuß hinterherzuscouten

Einer der Beobachtungstürme auf der Insel Yamdena, die zum Tanimbar-Archipel gehört.

Mark mit einigen Mitarbeitern des Goffin Lab Tanimbar.

oder auf eine der Plattformen zu klettern und die Vögel versteckt zu beobachten. Theresa und vor allem ich sind deutlich ungeschickter darin, von den Tieren unbemerkt zu bleiben, als Mark und Berenika.

Der Nachmittag ist der Auswertung von Videos von den extra dafür aufgebauten Büro-Hängematten gewidmet sowie Schreib- und Reparaturarbeiten an der Station; es gibt für dort immer viel zu tun. Am späteren Nachmittag geht man noch einmal in den Wald zur Tiersichtung. Am Abend sitzen wir dann am Feuer und Pak Yakobus erzählt Geschichten und Sagen über die Ahnen des Hurlatu-Clans, die in den Vorzeiten die Inseln mit einem Speer getrennt haben sollen. Die Tanimbarnesen sind, wie viele Inselvölker nach der niederländischen Kolonialzeit, fast durchweg christlich, dennoch konnten sie ihren Ahnenkult, der ihre ursprüngliche Religionsform darstellt, zusätzlich fast vollständig erhalten.

Mark und Berenika sind schon seit 2015 vor Ort, sie haben die Station seitdem in vielerlei Hinsicht aus dem Boden gestampft. Auf ihrer ersten Feldexpedition drangen sie tief in den Wald der Insel vor, aber regelmäßige Sichtungen der Tiere stellten sich am Rand der Insel als einfacher dar; mittlerweile wissen sie, dass die Tiere etwa in der Erntesaison für Bohnen und Mais sich näher an menschliche Siedlungen heranwagen.

Derzeit leben Mark und Berenika abwechselnd drei Monate in Europa und drei Monate auf den Tanimbar-Inseln. Die Arbeit dort ist eine ganz andere als unser Forschungsalltag in Wien. Sie ist auch körperlich anstrengend, nicht zuletzt wegen des feuchtheißen Klimas, und man fühlt sich entfernt von der sogenannten Zivilisation. Aber gerade hier machten Mark und Berenika eine Entdeckung, die für uns alle höchst erstaunlich war. Tanimbar hat sich nämlich für uns als eine wahre Schatzinsel für tierischen Erfindergeist entpuppt.

WENN TIERE IHRE WERKZEUGBOX AUSPACKEN

In diesem Kapitel widmen wir uns jenem Phänomen, das wir den „assoziativen" Werkzeuggebrauch nennen. Dieser hängt unmittelbar mit der Werkzeugherstellung zusammen, deshalb möchte ich ihn nicht allzu streng davon abtrennen. Damit betreten wir jetzt die „hohe Schule" des Werkzeugverhaltens: Für assoziativen Werkzeuggebrauch müssen nämlich zwei oder mehr Objekte nacheinander oder miteinander verwendet werden, um ein Ziel zu erreichen. Bis vor zehn Jahren war er hauptsächlich auf einige Primaten und Neukaledonische Krähen beschränkt. Inzwischen wissen wir, dass wir bei den Papageien einfach nicht gut genug hingeschaut hatten.

Natürlich kann man auch hier darüber diskutieren, auf welche Art die Objekte verwendet werden müssen, um die Kriterien für den Stempel „assoziativer Werkzeuggebrauch" zu erfüllen. Welche Schritte muss das Tier imstande sein zu machen? Müssen diese hintereinander erfolgen oder können Werkzeuge auch gleichzeitig verwendet werden? Welche sind die spannendsten Versuche und welche Tierarten meistern sie? Ein paar der interessantesten Beispiele werde ich herauspicken, um Klarheit in das Fragengewirr zu bringen. Dazu gehören – Achtung, Spoiler – auch unsere Kakadus auf Tanimbar, die dort so etwas wie ein Besteckset entwickelt haben.

Doch sehen wir uns zuerst die unterschiedlichen Formen assoziativen Werkzeuggebrauchs an. Im Prinzip geht es für die Tiere dabei wie immer stets darum, an ein Ziel (meistens: etwas Wohlschmeckendes) zu gelangen. Eine noch relativ einfache Art von assoziativem Werkzeuggebrauch ist der sequenzielle Werkzeuggebrauch: Hier wird ein Werkzeug verwendet, um ein anderes Werkzeug zu erreichen. Stellen Sie sich also zum Beispiel vor, Sie stehen auf einer Leiter und werken am Dachstuhl. Plötzlich rutscht Ihnen der Hammer aus der Hand und bleibt außerhalb Ihrer Reichweite auf dem Dach liegen. Da fällt Ihnen ein, dass Sie noch eine Kneifzange am Gürtel haben, und Sie verwenden diese, um nach dem verlorenen Hammer zu angeln.

Für Japan- und Rhesusmakaken sieht das im Versuch so aus: Sie hatten zunächst nur ein kurzes Rechenwerkzeug zur Verfügung. Außerdem gab es eine – mit diesem kurzen Werkzeug unerreichbare – Belohnung sowie ein, mit dem kurzen Werkzeug sehr wohl erreichbares, längeres Rechenwerkzeug. Sie mussten mit dem kürzeren Rechen also zuerst den längeren an sich heranholen, um dann den Leckerbissen zu erreichen.

Kein Problem für jene Menschenaffen und Neukaledonischen Krähen, die von Forschenden des Max-Planck-Instituts in Leipzig und der Universität Auckland getestet wurden. Von ihnen wissen wir, dass sie diese Übung mit Stöcken verschiedener Längen perfektionieren können. Wenn manche Stöcke direkt erreichbar sind, andere sowie eine Belohnung jedoch außer Reichweite, achten sie darauf, wie lang diejenigen Werkzeuge sind, die sie schon haben, und ob sie damit neue heranholen müssen. Wenn alles, was sie haben, zu kurz ist, um die Belohnung zu

Ein Goffin muss sich bei einer sequenziellen Werkzeugaufgabe zwischen zwei Werkzeugen entscheiden.

bekommen, rechen sie sich ein längeres Teil herbei. Ist auch dieses noch zu kurz, verwenden sie es, um das nächste, längere zu bekommen, und so weiter. Diese Aufgabenstellung wurde erfolgreich in bis zu fünf Schritten getestet.

Hier war es aber immer dieselbe Art von Werkzeugen, alles Stöcke, um etwas heranzurechen. Das heißt, dass das längste Werkzeug einfach überall funktioniert. Theresa hat unsere Kakadus deshalb vor ein paar Jahren in einer sequenziellen Aufgabe mit zwei Arten von Werkzeugen auf die Probe gestellt.

Zum einen hatten sie es dabei natürlich auch mit Stöckchen zu tun, die in zwei verschiedenen Längen bereitlagen. Dazu gab es zwei Boxen mit Belohnungen. In der einen Box war die Entfernung zur Belohnung nur kurz, beide Stöckchen reichten aus, um an sie heranzukommen. In der anderen Box war die Entfernung zur Belohnung weit und sie ließ sich nur mit dem langen Stöckchen erreichen.

Zum anderen gab es eine zweite Art von Werkzeug: große und kleine Kugeln. Die beiden Boxen, die hier zum Einsatz kamen, hatten an ihrer Oberseite gebogene Rohre. Wurde eine Kugel in so ein Rohr geworfen, kollabierte im Inneren der Box eine magnetisch gehaltene Plattform und die Belohnung fiel heraus. Infolge der Biegung des Rohrs war nur der Einsatz von Kugeln, aber nicht von Stöckchen von Erfolg gekrönt. Das eine Rohr war so breit, dass sowohl große wie kleine Kugeln hindurchpassten, das andere Rohr hingegen so schmal, dass nur die kleine Kugel es passieren konnte. Wenn der Vogel den Versuchstisch betrat, hatte er immer die Wahl zwischen der großen Kugel und dem kurzen Stock.

Auf dem Tisch standen stets drei von den Boxen, zwei davon mit Werkzeugen „geladen", eine mit einer Cashewnuss. Welche Boxen mit welchen Werkzeugen jeweils präsentiert wurden, war jedoch unterschiedlich. Jeder Vogel erhielt mehrere Versuche mit verschiedenen Konstellationen. Dies bedeutete, dass sich der Kakadu nicht nur für das richtige Werkzeug entscheiden, sondern auch mehrere Boxen hintereinander bedienen musste. Zum Beispiel war in der Box mit der kurzen Entfernung der kurze Stock, in der Box mit dem breiten Rohr der lange Stock und in der Box mit der langen Entfernung die Cashewnuss. In diesem Fall müsste der Vogel die große Kugel wählen, damit den langen Stock holen und dann mit dem langen Stock die Nuss erobern.

Und tatsächlich, statistisch gesehen können sie die Aufgabe richtig lösen. Aber was von ihrem Tun sie verstehen, lernen wir erst, wenn wir die einzelnen Schritte herunterbrechen. Offenbar entscheiden sie nämlich zufällig, welches Werkzeug sie gleich zu Beginn wählen. Wenn sie dieses einmal haben, verwenden sie es anschließend für die richtige Box und tauschen es dann für das neue Werkzeug, das sie schließlich zur Belohnung führt. Das heißt, der erste Schritt, der eine Übersicht über das ganze Experiment benötigt, wird nicht verstanden – vermutlich, weil ihr Arbeitsgedächnis damit überfordert ist. Aber wenn sie mal auf dem richtigen Weg sind, können sie sehr wohl sequenzielle Werkzeugprobleme lösen.

Es ist an diesem Punkt übrigens wichtig zu verstehen, dass wir nicht nur aus dem, was Tiere richtig machen, sondern auch aus ihren Fehlern etwas über ihre kognitiven Fähigkeiten lernen können.

Neukaledonische Krähen wurden von Romana Gruber und Alex Taylor von den Universitäten Barcelona und Auckland mit runden Steinen und Stöcken getestet, aber hier war die Fragestellung ein bisschen anders: Die Vögel hatten nur ein Werkzeug zur direkten Verfügung, zum Beispiel einen Stein oder einen kurzen Stock, und konnten dann drei einzelne Kompartments „besichtigen“, die voneinander blickdicht getrennt waren.

In zwei der Kammern konnten sie sich mit ihrem Werkzeug jeweils ein weiteres Werkzeug holen (eines davon richtig, eines falsch), um damit in der dritten Kammer an die Belohnung zu gelangen. Die Ergebnisse sprachen dafür, dass sie, ohne das richtige Werkzeug zu sehen, im Kopf behalten konnten, welches Werkzeug sie als Schlüssel für die Belohnung benötigen würden: Sie holten sich das jeweils richtige Hilfsmittel.

Eine andere Art von assoziativem Werkzeuggebrauch scheint tatsächlich ein menschliches Alleinstellungsmerkmal, wenngleich es uns vielleicht nicht so herausragend erscheint: dass wir nämlich zwei Werkzeuge gleichzeitig und dabei koordiniert verwenden können. Sich den Kartoffelbrei mit Erbsen mit dem Messer auf die Gabel zu schieben, das hört sich zwar nicht weltbewegend an, aber das können offenbar tatsächlich nur wir Menschen. Jedenfalls haben wir bis jetzt noch keine Tierart entdeckt, die dazu imstande ist. Was meinen Sie, können wir uns dafür gegenseitig auf die Schultern klopfen?

Anstatt bei Tieren hat sich unsere PhD-Studentin Jennifer Colbourne gleichzeitige Werkzeugerfindungen deshalb bei Kindern angeschaut. In der Belohnungsbox, ähnlich jenen für die Kakadus (nur natürlich größer), müssen sie erst von unten mit einem Stock eine Klappe wegdrücken, die durch einen eingebauten Schwamm wieder zugedrückt wird, wenn man den Stock wegnimmt. Nur bei offener Klappe lässt sich mit einem langen Strohhalm die Belohnung erreichen, die dann mit einem kleinen Stups unten rausfällt.

Dieses gleichzeitige Hantieren mit zwei Werkzeugen schafften allerdings nur ein Drittel der Sechs- bis Siebenjährigen sowie weniger als die Hälfte der Acht- bis Neunjährigen. Wir vermuten, dass der Versuch erst in der Kategorie der Zehn- bis Elfjährigen von der Mehrheit gelöst wird. Das heißt also, dass die Altersblockade, die wir beim Hakenbiegen im vorigen Kapitel beschrieben haben, hier noch verlängert wird. Jennifer hat den Versuch übrigens zunächst an meiner damals siebenjährigen Tochter ausprobiert, die man im Video laut schimpfen hört, weil es ihr nicht gelingen will, die Aufgabe zu lösen.

Am nächsten in der Tierwelt kommen Orang-Utans und Kakadus einem wirklich gleichzeitigen Werkzeuggebrauch: Wenn die Orangs in den riesigen, bis zu 40 Meter hohen Neesia-Bäumen hängen und die Samen aus deren Früchten verzehren möchten, brauchen sie manchmal ein Werkzeug. Die Früchte sind ausgesprochen stachelig und ihre Nadeln scharf wie Rasiermesser. Dazu sind die Samen in Brennhaare eingebettet, die unangenehm auf der Haut nesseln. Indem Orang-Utans Stockwerkzeuge auf und ab bewegen, pulen sie sich deshalb nur die Samen aus Rissen in der Schale. Da sie aufs Festhalten im Baum zumindest mit einer Hand nicht verzichten können, steckt der Stock oft im Mund und wird durch die Lippenmuskeln bewegt. Die Risse in der Fruchtschale werden (mit der anderen Hand) sorgsam auf dieses Werkzeug hin orientiert.

Die Kakadus in Singapur verfahren ähnlich mit Seemandeln. Auch hier geht es um wohlschmeckendes Samenmaterial in einer harten Hülle. Die Vögel halten die Früchte mit dem Fuß, wobei sie das zuvor aufgebissene Loch auf ihren Schnabel hin ausrichten, und holen das Futter mit einem Stöckchen heraus. Dabei erzeugen sie mit dem Fuß Gegendruck, damit ihnen die Seemandel nicht aus der „Faust“ rutscht.

Dennoch zählen diese Fälle nicht als gleichzeitiger Gebrauch zweier Werkzeuge, weil auch das Ziel selbst, also die jeweilige Frucht, vom Tier bewegt wird. Sie kommen aber nahe heran.

Ein Orang-Utan machte auch bei der nächsten Art von Werkzeuggebrauch eine gute Figur. Die Belohnung war in dem Fall verschütteter Sirup. Die süße Lache befand sich außerhalb der Reichweite eines Zoo-Orang-Weibchens. Was tun, um an die Leckerei heranzukommen? Die Orang-Utan-Dame legte Papiertücher auf den Boden und schob diese mit einem verästelten Zweig zur Lache, wo sie den Sirup aufnahmen. Dann holte sie die Tücher zurück und saugte den süßen Saft heraus. Dabei handelte es sich um kombinierten Werkzeuggebrauch. Davon sprechen wir, wenn ein Werkzeug verwendet wird, um die Anwendung eines zweiten Werkzeugs zu ermöglichen, wie man zum Beispiel auch einen Golf- oder Tennisschläger verwendet, um einen Ball in eine bestimmte Richtung zu schlagen.

Oder Hammer und Amboss, um Nüsse aufzuschlagen. Einige Kapuzineraffengruppen in Brasilien suchen sich ihre Steine zum Hämmern sorgfältig aus und tragen diese zum Amboss-Stein. Sie legen sich die Nuss zurecht, schwingen die Arme mit dem „Hammer" in die Luft und knallen damit auf die Nuss. Deutlich kräftigere Schimpansen in Westafrika machen das ebenfalls, jedoch in einer fortgeschrittenen Version: Sie richten auch noch den Amboss aus, platzieren ihn also auf eine bestimmte Stelle und drehen ihn entsprechend.

Bei diesem kombinierten Werkzeuggebrauch werden unterschiedliche Werkzeuge mit unterschiedlichen Funktionen zusammengebracht. Unser Postdoc Antonio Osuna-Mascaro kam aus einem Projekt über Fingerfertigkeit bei Schimpansen zu uns ins Goffin Lab und interessiert sich entsprechend besonders für Vergleiche. Eine Sache, die er sich schnell in den Kopf gesetzt hatte, war es, die Kapazität der Kakadus für kombinierten Werkzeuggebrauch zu testen. Nur gab es hier leider das Problem, dass es nicht unbedingt vielversprechend ist, einem Tier ohne Hände einen Amboss und Hammerstein vorzusetzen.

So kam es, dass Antonio, während er über ein passendes Set-up nachsann, auf dem Weg zu unserem Labor an einem Golfplatz vorbeischlenderte und verlorene Bälle einsammelte. Dabei hatte er, seiner Erzählung nach, den in Kapitel 4 beschriebenen Heureka-Moment: Die Aufgabe, vor welche die Vögel am Ende gestellt wurden, war eine rechteckige Gitterbox. Ihr Boden war (passend zum Golf) mit einem grünen Teppich ausgelegt, der verhinderte, dass Objekte verrutschen konnten. Auf dem linken und rechten langen Ende des Teppichs wies der Boden der Box zwei längliche Löcher auf, unter denen sich jeweils eine magnetisch gehaltene Plattform befand. Wenn etwas Schweres durch eines der Löcher auf eine Plattform fiel, kollabierte diese und ein eventuell darauf befindliches Nüsschen kullerte unten heraus, um dann in den Kakaduschnabel zu wandern.

Die Kakadus hatten eine Vorerfahrung erhalten, durch die sie bereits wussten, dass die Plattformen sich absenken konnten. Das Gitter wies mittig ein rundes Loch auf, durch das eine dicke, schwere Kugel passte. Wenn man diese durch das Loch warf, blieb sie etwa in der Mitte des Teppichs, zwischen den zwei seitlichen Löchern, liegen. Im Versuch war immer nur eine der beiden Plattformen mit einem Nüsschen beladen. Um es zu bekommen, musste ein Kakadu also zunächst die Kugel in die Box werfen und sie dann durch das Gitter mit einem Holzstöckchen in das richtige der beiden seitlichen Löcher treiben.

Das klingt kompliziert – war es aber gar nicht, jedenfalls nicht für fünf von elf Tieren. Sie lösten das Problem zumindest einmal, was bedeutet, dass wenigstens individuelle Erfinder die Fähigkeit haben, mit kombinierten Werkzeugproblemen umzugehen. Jedoch waren nur drei wirklich gut darin. Figaro (wenig überraschend), Fini und Pipin kamen konsequent an die Belohnung und schoben die Kugel mit dem Werkzeug auf die richtige Plattform zu. Figaro konnte, wenn das Stöckchen auf der falschen Seite der Kugel landete, diese sogar vorsichtig darüber heben, ohne das Stöckchen noch einmal herausziehen zu müssen.

Wir beobachteten noch etwas anderes Interessantes: Die beiden Vögel ZoZo und Kiwi, die das Problem nur einige Male lösten, schienen nicht zu verstehen, dass sie das Stöckchen auch durch das Gitter stecken konnten. Sie probierten von dem mittigen Loch aus mit dem Stöckchen an die Kugel heranzukommen. Da sie in einem vorherigen Versuch schon mal Stöckchen durch ein rundes Loch gesteckt hatten, kann es sein, dass sie auf diese Handlung entsprechend „fixiert" waren.

Beim Werkzeuggebrauch der Primaten kennen wir das Phänomen der funktionellen Fixierung. Seiner Untersuchung widmet sich besonders die deutsche Primatologin Sonja Ebel. Wenn Menschenaffen zum Beispiel eine Zeit lang italienische Brotstangen, Grissini, zum Naschen bekommen hatten, konnten sie diese in ihrem Kopf nicht so leicht zu Stockwerkzeugen „umfunktionieren" wie Artgenossen, die Grissini vorher nicht schon als Snack kennengelernt hatten.

Auch die nächste Art der Werkzeugverwendung ist äußerst selten unter Tieren: der Einsatz von Verbundwerkzeugen. Ein Beispiel dafür ist, eine Pfeilspitze auf einen Speer aufzusetzen. Man verbindet also zwei Objekte zu einem und verwendet den Verbund als Werkzeug. Auch hier sind die Neukaledonischen Krähen – wie schon bei der Werkzeugherstellung (Kapitel 6) erwähnt; hier überschneiden sich die Definitionen – unter den Kundigen: Sie stecken mehrere Röhren zusammen, um ein längeres Angelwerkzeug zu erhalten. Auch Köhlers Schimpansen, die Objekte ineinandersteckten, haben hiervon Ahnung – doch könnten sie das von oder mit ihren Pflegern gelernt haben? Es lässt sich heute nicht mehr nachvollziehen. Im Freiland jedenfalls gibt es bisher praktisch keine tierischen Anwendungsbeispiele für solche Verbundwerkzeuge.

Das trifft auch auf den sogenannten Sekundärwerkzeuggebrauch zu: Dabei wird ein Werkzeug verwendet, um ein anderes herzustellen oder zu verbessern, wie zum Beispiel beim Bearbeiten von Steinwerkzeugen (stone knapping). Kanzi, der als „sprechender Affe“ berühmte Bonobo, der über 3000 Begriffe der menschlichen Sprache versteht, wurde entsprechend ermuntert, „Steinmesser“ herzustellen. Er fing auch tatsächlich an, größere Steine mit kleineren zu beklopfen, sodass Teile von ihnen absplitterten. Mit einer Hand hämmerte er, mit der anderen hielt er den zu bearbeitenden Stein.

Allerdings hatte er Schwierigkeiten, genug Kraft zu erzeugen, um zuverlässig Abschlag zu erhalten, und er schaffte es meist nicht, die richtigen Winkel zu finden, um Ecken zielgerecht abschlagen zu können. Forscher, die die Werkzeugkultur unserer Vorfahren der Oldowan-Kultur (Tansania) zu Beginn der Steinzeit (vor ca. zwei Millionen Jahren) studieren, argumentieren, dass Werkzeugherstellung vermutlich im sozialen Kontext stattfand: Man verglich möglicherweise die Werkzeuge und Techniken miteinander.

Erst diesen Sommer musste ich daran denken, als mein neunjähriger Sohn mit seinem gleichaltrigen Cousin vertieft im Flussbett spielte und ich beobachten konnte, wie die beiden ganz von allein anfingen, mit Oldowan-ähnlichen Techniken aus Steinen geklopfte „Messer“ zu bauen und dabei heftig die Optimierung ihrer Techniken und das geeignete Material für den zu bearbeitenden Stein diskutierten. Ganz von selbst gab es einen Amboss-Stein, einen Hammerstein und einen Kernstein, der ihrer Meinung nach besonders gut splitterte, auch hierüber intensiv die Meinungen ausgetauscht. Am Ende wurden die fertigen Produkte sorgfältig untersucht und auf ihre Schneidfertigkeit überprüft.

William Snyder und Claudio Tennie von der Universität Tübingen, die die Idee von einer „Zone latenter Lösungen“ (siehe Kapitel 5) für die Weitergaben von Werkzeuggebrauch vertreten, glauben nicht, dass ein sozialer Austausch unbedingt notwendig war. Sie gaben deutschen Versuchspersonen, die in einem Fragebogen ausgesagt hatten, nichts bis wenig über Steinwerkzeuge zu wissen, Hammersteine, um damit Kernsteine zu bearbeiten. Die Testpersonen wandten jedenfalls unumwunden von allein die Techniken der Steinzeitmenschen an. Diese schlummern also möglicherweise zu einem gewissen Grad in uns allen.

Forschende aus Leipzig gehen übrigens noch weiter: Sie zeigen, dass wilde Javaneraffen in Thailand, die Hammer- und Amboss-Steine verwenden, wohl ganz zufällig dabei Abschlagprodukte erzeugen, die aussehen wie Werkzeuge aus der Altsteinzeit.

MIT MESSER, KEIL UND LÖFFEL: DAS BESTECK VON TANIMBAR

Und damit sind wir bei der letzten Anwendung des assoziativen Werkzeuggebrauchs angelangt: ganzen Werkzeugsets. Das kann man sich vorstellen wie bei einer Operation, die auch ein einziges Ziel verfolgt, etwa den Blinddarm zu entfernen. Und doch braucht man mehrere verschiedene Werkzeuge dafür, Zangen zum Abklemmen, ein Skalpell und so weiter. Unter Tieren kennen wir Beispiele von Schimpansen: In Gambia beobachtete 1990 die Primatologin Stella Brewer, wie eine junge Schimpansin mit einem Werkzeuggset an Honig gelangte. Dazu brach sie erst einen Ast mit einem spitzen Ende ab. Dann trieb sie diesen wie einen Meißel in einen Stamm, in dem die Bienen nisteten. Einen dünneren, flexibleren Zweig verwendete sie anschließend scheinbar als Ahle, um den Eingang des Loches zu weiten. Als Letztes pflückte sie einen grünen Zweig, den sie durch die Öffnung zwängte und damit den Honig herausfischte.

Analog zu diesem Beispiel wurden 1999 Schimpansen beim Honigfischen im Lossi-Wald in der Republik Kongo beobachtet. Auch sie setzten mehrere Werkzeuge ein, die jeweils unterschiedliche Funktionen zu haben schienen. Wieder gab es eine Art Meißel, der umgedreht als Ahle verwendet wurde, und eine eigene „Honig-Angel". Die amerikanische Anthropologin Crikette Sanz konnte einige Jahre später dokumentieren, wie sich ähnliche Spektakel vor Termitenhügeln im Goualougo-Dreieck (ebenfalls Republik Kongo) abspielten. Während die Schimpansen meistens nur ein Werkzeug als Angel benötigten, um, wie schon von Jane Goodall berichtet, nach Termiten zu fischen, verwendeten sie in bestimmten Situationen bis zu fünf unterschiedliche Werkzeuge in einer Fressepisode. Ihre Funktionen waren ähnlich wie beim Honigdippen.

An diesem Punkt schien es klar, dass Schimpansen Werkzeugsets verwenden können. Aber es wurde angezweifelt, dass sie eine geistige Vorstellung davon haben könnten, was ein Werkzeugset ist. Konnten sie ein Werkzeugset wirklich als die Summe seiner Teile wahrnehmen? Oder sahen sie nur die einzelnen Werkzeuge hintereinander? Das wäre dann so, als sähen sich die Tiere nach jedem Arbeitsschritt vor eine ganz neue Herausforderung gestellt: „Oh, ein Termitenbau! Er ist zu, aber mit diesem Stock kann ich ihn aufschlagen!" Und wenig später: „Oh, ein Termitenbau! Er ist offen, aber mit diesem Halm komme ich an die Termiten!", und so weiter. Sollten die Tiere das Werkzeugset aber als solches wahrnehmen, wären die Narrative (wieder frei nach unserem imaginären Wörterbuch „Schimpansisch-Menschisch"): „Oh, ein Termitenbau, der zu ist! Ich brauche zuerst einen Stock, um ihn aufzuschlagen, und dann einen Halm, um die Termiten herauszufischen." Die Diskussion über die geistige Vorstellung der Schimpansen war beendet, als eine neue Beobachtung hinzukam: Man sah sie das ganze Set – nicht einzelne Teile, sondern alle zusammen – zu den Termitenhügeln tragen, an denen es benötigt wurde. Sie hatten also gewissermaßen ihren Werkzeugkoffer unter dem Arm.

Von den tropischen Regionen Zentralafrikas kommen wir nun wieder zurück zum Beginn dieses Kapitels, in die tropischen Regionen Südostasiens, genauer gesagt: nach Tanimbar. Statt Honigstämmen und Termitenbauten gibt es hier eine Frucht mit begehrtem Inhalt, die

Wawai-Frucht, auch See-Mango genannt. Für Menschen sind Blätter und Früchte extrem giftig (selbst nach dem Berühren sollte man sich unbedingt die Hände waschen). Doch wurden von Berenika und Mark immer wieder Kakadus gesichtet, die Wawais im Freiland verzehrten.

2019 befanden sich einige der wildlebenden Tiere für eine längere Quarantäne in der Voliere der Forschungsstation unter Beobachtung der beiden Forschenden und der dortigen Forstbehörde, da ein Verdacht auf eine Viruserkrankung vorlag (der sich glücklicherweise nicht bestätigte). Damit ihr Futterrepertoire abwechslungsreich blieb, gaben Berenika und Mark ihnen verschiedene Früchte, von denen sie wussten, dass diese im Freiland gerne angenommen wurden, zu einem bestimmten Zeitpunkt eben auch Wawais. Nachdem die beiden beobachtet hatten, dass einige Tiere anscheinend Holz in den Fruchtkern steckten, begannen sie die Tiere einzeln zu testen.

TIERISCHE TECHNOLOGIE

Um wirklich zu verstehen, was die Tiere mit dem Holz machen, muss man sich zunächst das Aussehen der Frucht vor Augen führen: Die Wawai besteht aus einem dicken Fruchtmantel, der einen sehr harten, pfirsichartigen Kern mit rückseitigem, leicht geöffnetem Spalt umschließt. An dem Fruchtmantel sind die Tiere überhaupt nicht interessiert, ihn reißen sie sofort herunter, bis der Kern vollständig freigelegt ist. Das Objekt der Begierde ist das embryonische Samenmaterial, das sich tief im Kern befindet. Doch wie kommt man an das heran?

Diese Art von Kern über den Spalt aufzuklemmen ist für einen 300 Gramm schweren Goffin völlig unmöglich. Erschwerend kommt hinzu, dass sich im Kern noch einmal eine dichte, filamentartige Schicht befindet, die das Samenmaterial umschließt. Wie zwei der Kakadus in der Voliere es schafften, an dieses heranzukommen, das konnte unser Tanimbar-Team – den Vögeln in der Voliere einmal sehr nah – 2019 schließlich erleben. Es muss ihnen wirklich ganz ausgezeichnet schmecken, denn sie fertigen drei Werkzeuge extra dafür an.

Wie schon angekündigt, handelt es sich dabei um ein ganzes Besteckset. Der erste Teil ist ein an beiden Seiten im Ganzen abgebissenes kurzes Stück Zweig, von dem nur die Rinde entfernt wird. Dieses Zweiglein wird von den Tieren mit einer kräftigen Abwärtsbewegung in den Spalt hineingezwängt und dann darin belassen. Wir vermuten, dass es sich hierbei um einen Keil handelt, der dazu beiträgt, den Spalt im Kern zu weiten, denn die Tiere versuchen daraufhin scheinbar mit dem Schnabel tiefer durch den Spalt hinunterzukommen.

Wenn dies nicht weiterführt, wird ein anderes Werkzeug gebaut. Diesmal ist es ein Span, der seitlich von einem Ast abgesplittert wird. Mehrmals gekürzt und verdünnt, entsteht aus ihm ein feines, scharfkantiges Objekt. Diese Klinge wird von den Tieren wie eine Verlängerung direkt unter die Schnabelspitze geklemmt und dann den Spalt entlang nach unten bewegt. Hier vermuten wir, dass es sich um eine Art Messer handelt, mit dem die Tiere die filamentartige Schicht zwischen der Kernhülle und dem Samenmaterial durchschneiden.

Das dritte Werkzeug wird ebenfalls von einem Seitenast abgesplittert, aber es wird lang und flach belassen. Es wird zunächst mit einer Abwärtsbewegung, durch den Spalt tief in den Kern der Frucht gestoßen und dann seitlich nach oben gehebelt. Man sieht auf den Videos, wie das weiße embryonische Material auf der Spitze dieses „Löffels“ aus dem Kern hervorkommt und die Vögel es verzehren. Ein ehrlich verdienter Snack.

Wir wissen das so genau, weil Mark das Vorgehen der beiden Handwerker-Tiere ganz genau gefilmt, alle Werkzeuge (die die Kakadus nach Gebrauch fallen lassen) aufgesammelt und nummeriert hat. Diese Objekte wurden dann 3D-gescannt und auf ihre physischen Formeigenschaften hin analysiert. Dazu kam noch

Ein Goffin benutzt ein „Löffel-Werkzeug"
an einer Wawai-Frucht auf Tanimbar.

eine Verhaltensanalyse, um die Abfolge und Richtung, in der die Werkzeuge an der Frucht verwendet wurden, statistisch auszuwerten. Der Aufwand lohnte sich! Bei dem geschilderten Vorgang handelt es sich vermutlich um eines der kompliziertesten Beispiele tierischer Technologie.

Das Anfertigen der Werkzeuge ist jedoch eine so feine, so kleinteilige Arbeit, dass Berenika und Mark sie trotz jahrelanger Forschung, die dazu noch speziell auf die Identifikation von Werkzeuggebrauch ausgerichtet war, bisher nicht beobachtet hatten. Kein Wunder: Da die Vögel hauptsächlich in den Wipfeln hinter Blättern verborgen sitzen, ist diese Praxis so gut wie unsichtbar. Mittlerweile jedoch hat Mark unter Wawai-Bäumen einen Kern gefunden, in dem noch das Kakadu-Werkzeug steckte. Bei der Auswertung der Bewegungskameras auf den Futterplattformen fanden sich zudem Indizien, die

Figaro verwendet ein kurzes, hartes Werkzeug, um eine Folie zu durchstechen, bevor er ein langes, biegsames Werkzeug (pink) benutzt, um eine Belohnung aus der Box zu fischen.

stark darauf hindeuten, dass zwar nicht alle, aber vermutlich noch weitere Goffins auf Tanimbar Werkzeuge bauen und verwenden.

Auch die Singapur-Goffins verwenden Werkzeuge, aber bei ihnen haben wir noch keinen assoziativen Werkzeuggebrauch beobachten können. Wir hoffen, dass wir in den nächsten Jahren noch viel über die Fähigkeiten dieser Tiere lernen.

Da auf Tanimbar alles auf einem Ast, also hoch oben, stattfand, balancierten die Tiere die Frucht im Fuß, während sie die Werkzeuge bauten und verwendeten. Daher ließen sie die schon verwendeten Werkzeuge immer wieder fallen, bevor sie das nächste Werkzeug bauen konnten. Es stellte sich also auch hier – wie bei den Schimpansen – die Frage, ob sie eine geistige Vorstellung von einem Werkzeugset haben. Dies konnten wir in diesem Kontext natürlich nicht testen, deshalb kam wieder Inspiration aus der Schimpansen-Forschung von Antonio.

Er entwarf eine Art künstlichen Termitenhügel für die Volierenvögel in Österreich. Wieder gab es eine transparente Box, durch die Werkzeuge gesteckt werden konnten. Allerdings war diesmal der Zugang zu der Belohnung in der Box von einer Folie blockiert, die zuerst durchtrennt werden musste. Im Angebot gab es einen harten Holzstock, mit dem man die Folie durchtrennen konnte, der aber zu kurz war, um an die Belohnung zu kommen. Außerdem einen Strohhalm, der sich verbog, wollte man mit ihm die Folie durchstechen, der aber lang genug war, um die Belohnung zu erreichen.

Nachdem einige der Tiere dieses Problem recht schnell mit zwei Werkzeugen lösten, wurde die Box abwechselnd mit einer Box angeboten, die nur den Strohhalm benötigte; welche Box angeboten wurde, folgte dem Zufallsprinzip. Zudem wurde die Box auf eine Plattform gehoben, auf die man über eine Leiter klettern oder anfliegen musste. Die Vögel hatten völlig freie Entscheidung darüber, die Werkzeuge einzeln zu holen, wenn dieses oder jenes nötig sein sollte. Dennoch fingen drei von ihnen an, regelmäßig beide Werkzeuge zusammen in den Schnabel zu nehmen und gewissermaßen als Set zu transportieren. Dies geschah aber weniger oft, wenn sich die Box, die nur ein Werkzeug benötigte, auf der Plattform befand. Auch Goffins scheinen demnach ein Werkzeugset als die Summe seiner Teile zu sehen.

8

ERFINDER-GEIST UND INTELLIGENTE ANWENDUNG

Sind Sie bereit, sich auf ein kleines Gedankenexperiment einzulassen? Erinnern Sie sich zunächst bitte an den Schimpansen Santino, den wir in Kapitel 5 kennengelernt haben. Stellen Sie sich vor, wir würden uns ihm ganz ohne Vorwissen und unbedarft nähern und ihn dabei beobachten, wie er Steine in unsere Richtung wirft: Wie würden wir dieses Verhalten interpretieren? Setzt der Anblick von Zoobesuchenden bei Santino automatisch eine bestimmte Verhaltensroutine frei, seine Natur „zwingt“ ihn also, Steine zu werfen? Oder würden Sie in der Situation annehmen, dass Santino will, dass die Eindringlinge sich aus seinem Revier verziehen, und durch die Entdeckung einer Gelegenheit gelernt hat, dass er dieses Ziel erreichen kann, wenn er Sie mit Steinen bewirft?

Wenn Sie Ihre Antwort haben, stellen Sie sich jetzt bitte einen Ameisenlöwen beim Beutemachen vor. Ameisenlöwen sind Insekten, eigentlich die Larven der Ameisenjungfern, die als Netzflügler mit unseren Florfliegen verwandt sind. Die Tiere sind etwa eineinhalb Zentimeter groß und graben trichterartige Vertiefungen in lockere Sandböden. Ihr eigener Platz ist unter der Erde, direkt an der Öffnung des Trichters. Nähert sich nun ein passendes Beutetier, schnippt der Ameisenlöwe Sandkörner in dessen Richtung, bis es den Halt verliert und im Treibsand den Trichter hinabrutscht, direkt auf den Ameisenlöwen zu, der es anschließend verspeist.

Das Verhalten des Ameisenlöwen und das Santinos ist in vielerlei Hinsicht ähnlich, beide Tiere werfen mit Gegenständen, um ein bestimmtes Ziel zu erreichen. Beide Tiere verwenden somit ein Werkzeug im Sinne der Anwendung eines gezielten Wurfes. Würden Sie das Verhalten des Ameisenlöwen aber genauso interpretieren wie das des Schimpansen? Hat den Ameisenlöwen das Ziel („Futter!“) zu der Entdeckung gebracht, Sandkörner in Richtung Ameise zu schnippen, weil er gelernt hat, dass diese dann in seine Falle plumpst? Oder hat er vielleicht das Verhalten von einem anderen Ameisenlöwen abgeschaut und durch soziales Lernen übernommen? Alternativ handelt es sich hier möglicherweise um ein stereotypes, angeborenes Verhalten?

Wenn Sie (wieder ohne Vorwissen über ihn) sagen würden, dass Santinos Verhalten von dem Schimpansen spontan als Lösung eines Problems erfunden wurde, beim Ameisenlöwen hingegen eine angeborene Verhaltensroutine abläuft, müssten Sie das in der Wissenschaft auch begründen. Schließlich haben Versuche, wie die des Bienenforschers Lars Chittka an Hummeln (Kapitel 2), gezeigt, dass man auch mit Minihirnen Lösungen für technische Probleme finden kann. Anzunehmen, dass ein Tier eher zur Erfindung von Werkzeuggebrauch fähig ist, weil es näher mit uns verwandt ist, wäre zudem ein unfaires Argument. Aufgrund genau dieser Art von Einschätzung haben wir schließlich zu lange Zeit die Intelligenz von Vögeln völlig unterschätzt.

Versuchen wir also, unsere menschliche Voreingenommenheit einmal auszublenden: Was ist ein seriöser Grund, um Werkzeuggebrauch wirklich als „intelligent" oder „erfinderisch" anzuerkennen?

WIE FLEXIBEL IST WERKZEUGGEBRAUCH?

Dazu machen wir uns am besten noch einmal klar, worüber wir reden: Unter erfinderischem Werkzeuggebrauch verstehen wir ein Verhalten, das eine spontan erfundene Lösung für ein Problem bietet. In der Wissenschaft nennen wir das „flexiblen Werkzeuggebrauch". Daneben gibt es auch Werkzeuggebrauch, der ein genetisch verankertes, sozusagen ein angeborenes Verhalten darstellt. In der Fachsprache sprechen wir dann von „stereotypem Werkzeuggebrauch".

In der wissenschaftlichen Literatur wird derzeit sehr streng zwischen diesen beiden unterschiedlichen Formen des Werkzeuggebrauchs unterschieden. Als festgeschrieben gilt derzeit auch, welche Merkmale für flexiblen und welche für stereotypen Werkzeuggebrauch sprechen. Letzterer ist stets speziesweit ausgedrückt, das heißt typischerweise, dass ihn jedes einzelne Individuum einer Spezies zeigt. Wenn dies nicht der Fall ist, sollten zumindest alle Angehörigen eines Geschlechts oder einer Altersstufe innerhalb derselben Art dasselbe Verhalten zeigen. Zudem ist der stereotype Werkzeuggebrauch nicht variabel. Das heißt, es gibt zumeist nur eine oder wenige Arten von Werkzeugen, die aus demselben Material gefertigt und von einzelnen Tieren innerhalb einer Art mit derselben oder einer sehr ähnlichen Technik verwendet werden. All das trifft auf den Werkzeuggebrauch des Ameisenlöwen zu.

Ein anderes Beispiel aus der Insektenwelt sind Grabwespen, die Höhlen für ihren Nachwuchs bauen, in die sie Beutetiere legen – betäubte Raupen etwa – und ein Ei dazu. Geschlüpft kann der Nachwuchs direkt von der Grabbeigabe zehren. Doch zuvor verschließt die Eltern-Grabwespe die Höhle recht aufwendig: Erde oder Sand wird vor dem Eingang aufgetürmt und mit einem kleinen Kieselstein so festgeklopft, dass weder Parasiten noch Fressfeinde eindringen können. Beim Festklopfen hält die Wespe – alle Wespen dieser Art! – den Kieselstein zwischen ihren Kiefern. Und fast sieht es so aus, als hätte sie einen Hammer zwischen ihren Mundwerkzeugen.

Selbst C. Lloyd Morgan, dessen Kanon besagt, dass wir nichts mit höheren Prozessen erklären sollten, wenn es eine einfachere Erklärung dafür gibt, war von den Grabwespen beeindruckt: „Hier“, schrieb er, „haben wir intelligentes Verhalten, das ein Niveau erreicht, auf das manche den Begriff rational anwenden würden.“ Heute können wir davon ausgehen, dass dieses Verhalten sich, ähnlich wie beim Ameisenlöwen, genetisch manifestiert hat und nach Bedarf stereotyp ausgelöst wird.

Die Merkmale von flexiblem Werkzeuggebrauch sind dagegen, dass er nicht bei allen Mitgliedern gleichermaßen oder überhaupt vorkommen muss. Oft gibt es, wie bei Kapuzineraffen, innerhalb einer Spezies Gruppen, die keinen Werkzeuggebrauch zeigen, und andere, die dies sehr wohl tun. Auch gibt es in (lokal) unterschiedlichen Populationen unterschiedliche Werkzeuge aus unterschiedlichen Materialien, die auf unterschiedliche Weise verwendet werden. Zum Beispiel hat man nur bei Schimpansen eine so hohe Anzahl von inzwischen etwa 40 verschiedenen Werkzeugkulturen im Freiland beobachtet.

Beispielsweise knacken ausschließlich Westafrikanische Schimpansen Nüsse mit Hammer- und Ambosswerkzeugen. Nur im Bakoun-Wald in Guinea verwenden Schimpansen, die von Max-Planck-Forschenden beobachtet werden, verzweigte, bis zu vier Meter lange Stöcke als Angeln, um sich schmackhafte Algen aus Weihern und Flüssen zu fischen. Nur im südöstlichen Senegal gibt es eine Population von Schimpansen, die die einzigen bisher beobachteten, nichtmenschlichen Tiere zu sein scheinen, die mit „Speeren" auf die Jagd nach anderen Wirbeltieren gehen. Galagos oder Buschbabys sind kleine, nachtaktive Primaten mit großen Augen, die sich tagsüber in Astlöchern verstecken. Für einen hungrigen Schimpansen sind sie ein willkommener Snack. Doch sind Buschbabys geschickte Springer und können den Schimpansen leicht entkommen, wenn diese nicht schnell genug zugreifen.

Die amerikanische Anthropologin Jill Pruetz von der Iowa State University beobachtete vor einigen Jahren, wie Schimpansen mit ihren Zähnen Stöcke am Ende anspitzten, um daraus etwas 60 Zentimeter lange Speere zu fertigen. Diese werden ähnlich einem Dolch in der Hand gehalten und mit großer Wucht durch die Astlöcher gestoßen. Das aufgespießte Buschbaby wird nach erfolgreicher Jagd verzehrt und der Dolch gereinigt. Übrigens: Nur weibliche Schimpansen waren erfolgreiche Buschbaby-Jägerinnen.

Aber wie entsteht solch ein flexibler Werkzeuggebrauch? Der spanische Primatologe Josep Call, der an der University of St Andrews forscht, schlug vor rund zehn Jahren drei wichtige „Zutaten" für dieses hochentwickelte Verhalten vor: Erstens muss man dafür Informationen – wo zum Beispiel verschiedene Futterquellen versteckt sind, wo man verschiedene Materialien findet oder wie man mit bestimmten Früchten umgeht – lange im Gedächtnis behalten können. Dies nennt man „Informations-Hortung". Zweitens muss man, um flexibel zu bleiben, solche Informationen je nach Situation im Kopf neu kombinieren können, es geht also um die „Neukombinierung von Information". Und drittens benötigt man einen starken Drang, mit Objekten zu hantieren, damit man darauf kommen kann, einen Gegenstand auch als Werkzeug zu verwenden, also „Objektmanipulation".

Während diese Zutaten sehr gut auf flexiblen Werkzeuggebrauch zutreffen, passen sie aber auch als Zutaten für andere Arten von Erfindungen, wie zum Beispiel für das Mülltonnenöffnen der Kakadus in Sydney oder für das Süßkartoffelwaschen der Japanmakaken auf Koshima, die nicht als Werkzeuggebrauch gelten. Wo wir schon bei der Essenszubereitung sind: Was ist die Zutat, die Werkzeuggebrauch zu solchem macht? Und gibt es überhaupt eine Zutat, die nur bei Werkzeuggebrauch vorkommt? Vielleicht können wir später in diesem Kapitel dieses Rezept noch etwas ergänzen.

Obwohl die Unterscheidung zwischen flexiblem und stereotypem Werkzeuggebrauch wichtig ist, sollten wir uns bewusst machen, dass in der Biologie oft eine gewisse Grauzone die Regel ist und sich vieles nicht eindeutig in die eine oder andere Schublade packen lässt. Denn auch wenn diese Unterscheidung nie als klare Trennlinie gedacht war, legt sie etwas nahe: nämlich werkzeugverwendende Arten sogleich als intelligent zu klassifizieren, wenn die Natur ihres Werkzeuggebrauchs nicht in die stereotype Kategorie zu passen scheint.

Mit Blick auf den sich vermeintlich kratzenden Papageientaucher, der uns als Medien-Star in Kapitel 1 begegnet ist, wurde argumentiert, dass der Werkzeuggebrauch einzelner Tiere dieser Spezies per se darauf hinweisen solle, dass Papageientaucher eigentlich intelligent sein müssen, zumindest intelligenter als bisher vermutet. Es gibt aber genauso die umgekehrte Annahme, dass intelligente Arten aufgrund ihrer Intelligenz auch automatisch in der Lage sein müssen, Werkzeuge zu benutzen, etwa in einem kürzlich erschienenen Paper. Darin wird argumentiert, dass die Anzahl von Gehirnzellen bei Dinosaurierarten wie dem Tyrannosaurus Rex aus unterschiedlichen Gründen vielleicht unterschätzt wurde. In dem wissenschaftlichen Artikel wird unter anderem spekuliert, dass T. Rex intelligent genug gewesen sein soll, Werkzeuge herzustellen und zu verwenden, ja sogar primatenähnliche Kulturen zu entwickeln. Verlässlich wie immer schrieben einige Medien den Vorschlag derartig hoch, dass der Eindruck entstand, dass T. Rex Werkzeuge wie ein Schimpanse verwendete. Wenn man dabei an seinen riesigen Kiefer und die kleinen Vorderbeine denkt, ist dies eine schon fast komische Vorstellung. Vom Sensationshunger, der bedient werden will, einmal abgesehen, trägt eine zu starke Vereinfachung des Phänomens des flexiblen Werkzeuggebrauchs ein gewisses Potenzial für Fehleinschätzungen einfach in sich.

EIN WERKZEUG? WOZU EIGENTLICH?

Bevor wir uns genauer mit der Trennung von stereotypem und flexiblem Werkzeuggebrauch beschäftigen, ist es wichtig, dass wir uns fragen, was die Entstehung von Werkzeuggebrauch überhaupt antreibt. Mögliche Antworten darauf bieten uns wieder verschiedene Hypothesen, von denen übrigens auch mehrere gleichzeitig zutreffen könnten. Ein Beispiel ist die „Nötigkeitshypothese“: Sie besagt, dass diejenigen eher Werkzeuge verwenden, die auf (hochwertiges), mit dem Körper nicht erreichbares Futter angewiesen sind. Ein Argument dafür ist, dass bei den Schimpansen die Weibchen häufiger Werkzeuge verwenden. Sie brauchen auch reichhaltigere Ressourcen, denn sie müssen die Jungen versorgen und austragen. Eine alternative Erklärung dafür lautet, dass Weibchen eher voneinander lernen, weil sie häufig sozialer veranlagt sind als Männchen.

Dann ist da die „Gelegenheitshypothese“, die besagt, dass Werkzeuggebrauch dann entsteht, wenn es eine Gelegenheit dazu gibt: Bei den Kapuzineraffen verwenden einzelne Populationen Hammer und Amboss zum Nussknacken, andere hingegen nicht. Vielleicht sind die passenden Steine nicht in jeder Gegend vorhanden? Oder es gibt dort genügend andere Futterquellen, die die Kapuzineraffen nutzen können?

Einen beschränkenden Faktor bringt die „Relativer-Profit-Hypothese“ ins Spiel: Werkzeuggebrauch oder sogar -herstellung ist recht mühsam für die Tiere zu bewerkstelligen – es muss sich lohnen! Das heißt, die Ressourcen, die man dank des Werkzeugs anzapfen kann, müssen so hochwertig sein, dass sie die Mühsal des Werkzeuggebrauchs wettmachen. Und das Risiko aufwiegen, eventuell von einem Fressfeind attackiert zu werden, wenn man gerade hochkonzentriert damit beschäftigt ist, ein Werkzeug anzufertigen oder zu benutzen.

In Gegensatz, zumindest zur Gelegenheitshypothese, macht der neuseeländische Verhaltensökologe Gavin Hunt, der in den 1990er-Jahren zum ersten Mal über den Werkzeuggebrauch der Neukaledonischen Krähen berichtete, auf das „Problem des Überflusses der Gelegenheiten“ aufmerksam. Er meint, dass es praktisch überall Termitenbauten oder Bienenstöcke gäbe, die man wunderbar ausplündern könnte. Weit verbreitet stünden also offensichtliche Futterquellen zur Verfügung, die man sich mit einem Werkzeug ganz einfach erschließen könnte. Dennoch ist der Werkzeuggebrauch so selten – und wird auch nicht erfunden.

In dem Zusammenhang ist es aus meiner Sicht noch einmal wert, sich die Häufung werkzeuggebrauchender Vogelspezies und einiger Primatenarten auf Inseln anzusehen. Auf dem Festland ist es nicht unbedingt nötig, Werkzeuge zu verwenden, weil man, wenn an einer Stelle die Nahrungsquellen versiegen, die Möglichkeit hat, an einen anderen Ort auszuweichen. Auch ist man auf dem Festland typischerweise mit vielen Raubfeinden konfrontiert, vor allem wenn man ein kleines Tier ist, wie ein Kapuzineraffe oder ein Vogel. Wenn man ein Werkzeug verwendet, muss man sich konzentrieren und ist dabei vielleicht zu abgelenkt, um ein sich anschleichendes Raubtier zu bemerken. Dies klärt Hunts „Problem des Überflusses der Gelegenheiten“: Ein Tier wird nicht unbedingt riskieren, Werkzeuge im Freiland zu verwenden, nur weil Gelegenheiten dafür bestehen.

Auf Inseln ist das natürlich anders. Hier können gleich alle Hypothesen zur Anwendung kommen. Die dort beheimateten Tiere sind oft über Tausende von Jahren den Naturgewalten ausgesetzt. Den Folgen eines Tornados, einer Sturmflut, eines großen Waldbrands können sie nicht ausweichen – am Festland bräuchten sie einfach nur weiterzuziehen. Aber auf einer Insel kann ein großer (evolutionärer) Druck entstehen, nach jeglichen Naturereignissen wieder energiereiches Futter zu finden, ob auf Hawaii, Neukaledonien oder Tanimbar.

Von Feldforschenden wie Christian Rutz wissen wir, dass Neukaledonische Krähen etwa 30 Prozent ihres Proteinhaushalts aus Futter beziehen, das sie mit Werkzeugen erworben haben. Das legt die Anwendbarkeit der Nötigkeitshypothese nahe, denn die Tiere können ohne dieses Futter vielleicht gar nicht mehr überleben. Gleichzeitig müssen sich die Tiere dieser Inseln vor weniger Fressfeinden in Acht nehmen. Und da es auf vielen Inseln keine Spechte gibt, die mit ihrem Schnabel ein natürliches Werkzeug besitzen, um tief nach Insekten zu stochern, sind entsprechende ökologische Nischen frei. Dies wiederum kombiniert relativen Profit und Gelegenheit. Wie wir in den vorherigen Kapiteln gehört haben, können einige Krähen, Papageien und Primaten in Versuchen der Kognitionsforschung Werkzeuggebrauch erfinden, auch wenn sie ihn nie im Freiland zeigen. Wenn so ein Tier nun aber in einem der entsprechend abgeschiedenen Lebensräume landet, fördert das natürlich das Potenzial für Werkzeuggebrauch.

FÜHREN EIN „VOGELWEG" UND EIN „PRIMATENWEG" ZUM WERKZEUG?

Auch hinsichtlich der Einschätzung, ob der Werkzeuggebrauch von Vögeln stereotyp oder flexibel ist, gehen in der Wissenschaft die Meinungen auseinander. Einige Forschende argumentieren, dass ihr Werkzeuggebrauch nicht differenzierter oder aufwendiger ist als der Bau von geflochtenen Nestern aus ineinander verwobenen Halmen oder Stöckchen, ja, dass dieser Nestbau auch den Werkzeuggebrauch bei ihnen überhaupt erst auslöst. Doch warum ist Werkzeuggebrauch bei Vögeln dann so selten? Sehr viele Vögel bauen Nester. Und sehr wenige Vögel gebrauchen Werkzeuge. Diejenigen, die es doch machen, verwenden Werkzeuge zumeist in einem völlig anderen Zusammenhang, der in diesem Buch klar geworden sein dürfte: in Zusammenhang mit der Futtersuche.

Letztendlich gibt es auch Vögel, die Werkzeuge gebrauchen, aber selbst keine Nester bauen und nicht einmal nestbauende Vorfahren haben, von denen sie eine derartige Veranlagung geerbt haben könnten. Bei Papageien zum Beispiel ist Nestbau grundsätzlich nicht verankert, nur wenige Arten haben unabhängig voneinander Nestbau entwickelt. Die meisten von ihnen nisten in bereits existierenden Baumhöhlen. In diesen wird vielleicht hier und da ein wenig herumgekratzt und aufgeräumt oder der Boden etwas aufgepolstert, aber für solche Aufhübschung werden keineswegs Stöckchen oder Halme aufwendig miteinander verwoben. Dennoch sind Goffins, wie wir nicht nur einmal gesehen haben, ausgesprochen talentierte Werkzeugverwender.

Die Männchen der schwarzen Palmkakadus in Nordaustralien haben eine eigene Werkzeuganwendung entwickelt: um sich attraktiver zu machen. Vielleicht erst aufgrund der Beatlemania, denn sie sind so etwas wie die Ringo Starrs der Vogelwelt. Sie klopfen rhythmisch mit einem Stöckchen auf passende Nisthöhlen, wohl um

Das schwarze Palmkakadu-Männchen klopft mit einem Stock rhythmisch auf die Nisthöhle: Werkzeuggebrauch zur Klangerzeugung ist sonst bislang nur bei Menschen bekannt.

Weibchen auf sich aufmerksam zu machen. Der australische Evolutionsökologe Rob Heinson konnte sogar zeigen, dass jedes Männchen sein eigenes Schlagmuster besitzt. Keiner der Drummer schlägt genau wie der andere. Oft wippt der Kopf mit der wilden schwarzen Federmähne mit und präsentiert der Vogel seine roten Wangenflecken, ziemlich rockig das Ganze. Damit hat sich der Palmkakadu einen Platz in einer ganz speziellen Ruhmeshalle ertrommelt: Er ist bisher die einzige Spezies außer dem Menschen, die Werkzeuge zur Klangverstärkung verwendet.

Bei den Palmkakadus lässt sich zu einem gewissen Grad aber auch aufgrund von Veranlagungen erklären, wie die Tiere das Trommeln erfinden: Zwar baut der Kakadumann keine Nester, indem er Stöcke miteinander verwebt, aber er schmeißt immer wieder Stöckchen demonstrativ vor dem Weibchen in die Nesthöhle, um darin eine Art „Brutplattform“ aufzuhäufen. Sie dient dazu, dass die Jungen später nicht im Nassen hocken, wenn es einmal regnet. Die Höhlen sind nämlich manchmal nach oben hin offen und die Plattform hebt das Ganze etwas an. Mit einem Stöckchen am Nisteingang zu sitzen ist also ein althergebrachtes Verhalten. Auch klopfen die Tiere mit den Füßen auf die Nisthöhle. Möglicherweise wurde die Klangverstärkung so zufällig entdeckt, als ein Tier mit dem Fuß auf die Nesthöhle klopfte und dabei das Stöckchen für die Brutplattform noch in der „Faust“ hielt. Auf den eigenen Beat musste der Vogel trotzdem noch kommen.

Weitere Argumente für gewisse Vorveranlagungen zum Werkzeuggebrauch, zusätzlich zum Nestbau, gibt es bei Krähenvögeln: Viele Krähenarten verstecken – ähnlich wie Eichhörnchen – Futter in Baumlöchern oder im Boden. Es lässt sich annehmen, dass der letzte gemeinsame Vorfahre aller Krähenvögel ebenfalls ein Futterverstecker war. Junge Krähen stecken auch gerne mal spielerisch nichtessbare Gegenstände in verschiedenste Ritzen oder Löcher. Auch sie zeigen somit eine Anpassung, die eigentlich eine völlig andere Funktion hat, aber die Erfindung von Werkzeuggebrauch erleichtern könnte. Es gibt nicht viele Vögel, die im Freiland regelmäßig Werkzeuge verwenden, und es ist schon auffällig, dass zwei Krähenarten darunter sind, die Neukaledonische Krähe und die Hawaiianische Krähe.

Könnte es also sein, dass bei Vögeln im Allgemeinen angeborene Neigungen den Werkzeuggebrauch erleichtern? Verhaltensökologe Hunt nennt solche Neigungen „objektbezogene mechanische Handlungen“. Wir nennen sie hier der Einfachheit halber Prädispositionen. So eine genetisch veranlagte Prädisposition wäre zum Beispiel das Weben von Nestern bei Singvogelarten, das Stöcke-in-die-Nisthöhle-Schmeißen des Palmkakadus, das spielerische Verstecken von Objekten der Krähen oder das Erdloch-mit-kleinen-Steinen-Befüllen der Grabwespen. Von dort ist es kein allzu großer Sprung, mit einem Stück Holz gegen die Bruthöhle zu klopfen, mit einem Stöckchen in einem Baumloch zu stochern oder mit einem Stein den Wespenbau festzuklopfen. Wie kommt es aber nun dazu, dass bei manchen Arten aus der Innovation eine in den Genen festgeschriebene Anpassung wird?

Nun, einige Tiere haben eine stärkere Veranlagung für bestimmte Verhaltensweisen als andere. Wenn die Nachkommen der Tiere mit der Veranlagung, Werkzeuge zu benutzen, dadurch einen Überlebensvorteil haben, zum Beispiel weil die Eier dieser Wespen besser geschützt sind als die ihrer Artgenossen, findet ein evolutionärer Selektionsprozess statt. Das hat zur Folge, dass diejenigen Tiere, die die Veranlagung teilen, sich vermehren, während andere aussterben.

Wie ist das nun aber bei Vögeln? Ist ihr Werkzeuggebrauch wirklich angeboren? Um dies herauszufinden, zogen die Wiener Verhaltensökologin Sabine Tebbich und der britische Kognitionsbiologe Ben Kenward Galapagos-Spechtfinken und Neukaledonische Krähen vom Ei an mit der Hand auf. Sie stellten fest, dass beide Spezies ab einem bestimmten Entwicklungsstadium von selbst begannen, zumindest einfache Werkzeuge wie Stöcke zum Stochern nach Futter zu verwenden. Da keines der Tiere die Gelegenheit gehabt hat, von seinen Eltern zu lernen, können wir annehmen, dass ihnen zumindest die Grundzüge des Werkzeuggebrauchs angeboren sind.

Auch zeigt die Neukaledonische Krähe schon deutliche körperliche Anpassungen an ihre Werkzeugspezialisierung: Ihr Schnabel ist etwa sehr viel gerader als der von anderen Krähen (sie heißt auf Deutsch auch „Geradschnabelkrähe“) und, wie der Ökologe Jolyon Troscianko mit einer Forschungsgruppe aus Oxford zeigte, der Bereich, in dem sich die Blickfelder der Augen überschneiden, ist wesentlich weiter als bei anderen Krähenarten. Dies hilft dabei, das Werkzeug beim Stochern gut im Auge zu behalten.

Einige der Werkzeuge, die Neukaledonische Krähen verwenden, wie die Hakenwerkzeuge und die bearbeiteten Pandanusblätter, sind weit verbreitet und werden jeweils von verschiedenen Tieren zwar nicht mit exakt derselben, jedoch auf sehr ähnliche Art gefertigt.

Dies könnte bedeuten, dass es sich ebenfalls um ein angeborenes Verhalten handelt; das ist jedoch bisher noch nicht wissenschaftlich erwiesen.

Jedoch weisen Forschende wie Christian Rutz darauf hin, dass die Technik, die Betty beim Biegen ihres Hakens verwendete, der Technik ähnelt, die Neukaledonische Krähen in der Natur einsetzen, um den Schaft ihrer Werkzeuge zurechtzubiegen. Dies bedeutet nicht, dass Bettys Verhalten nicht erfinderisch gewesen wäre, denn Betty bog den Haken schließlich für einen anderen Zweck – und dazu aus einem neuen Material. Aber es heißt vielleicht, dass es möglicherweise für Betty einfacher war, das Biegen eines Hakens zu erfinden, als für ein Tier, das diese Veranlagung nicht besitzt.

Selbst wenn Aspekte des Werkzeuggebrauchs der Neukaledonischen Krähen angeboren sind, bedeutet das keineswegs eine Begrenzung des Erfindungsreichtums der Vögel. Wir haben schließlich in den vorherigen Kapiteln erfahren, dass Neukaledonische Krähen zu geradezu extremen Werkzeugerfindungen fähig sind. Dazu gehören zum Beispiel spontane Erfindungen von assoziativen Werkzeugen sowie das Verwenden von Werkzeugen und Materialien, die in ihrem natürlichen Repertoire nicht vorkommen, wie zum Beispiel Steine in Rohre zu werfen.

Gavin Hunt und seine Kollegen vermuten daher, dass Vögel einen Schubs in Form einer hilfreichen Prädisposition wie Nestbau oder Futterverstecken brauchen, um Werkzeuggebrauch zu erfinden, Primaten dagegen nicht. Er schlägt ein „Vogelmodell“ und ein „Primatenmodell“ des flexiblen Werkzeuggebrauchs vor. Danach entsteht flexibler Werkzeuggebrauch bei Primaten aus ihren kognitiven Fähigkeiten und kann sich gut über die Gruppe durch soziales Lernen ausbreiten. Vögel dagegen bräuchten eine gewisse Starthilfe, nämlich genetisch existierende objektbezogene mechanische Handlungen (oder Prädispositionen), um Werkzeuggebrauch zu entwickeln. Wenn sie sich diesen erst einmal angeeignet haben, können sie ihn aber flexibel ausweiten. Allerdings wird laut diesem Modell bei Vögeln Werkzeuggebrauch nur von Eltern an Kinder sozial weitergegeben.

DENKEN WIR NUR AN UNSERE HÄNDE!

Wie Sie vielleicht schon ahnen, bin ich keine Verfechterin der Trennung eines strikten „Vogelmodells" von einem „Primatenmodell". Erstens gibt es Vögel, die komplexe Werkzeuge anfertigen, ohne über wesentliche angeborene Fähigkeiten oder entsprechende Prädispositionen zu verfügen. Die meisten Papageien verstecken weder Futter, noch weben sie Nester. Zudem ist ihr krummer Schnabel in keinster Weise darauf ausgelegt, ein Stöckchen zu halten, sondern funktioniert vielmehr als eine Art Nussknacker oder Samenschäler. Dennoch können einige Papageien, wie Keas und Goffins, ihren Körper umfunktionieren, um Werkzeuge zur Futterbeschaffung zu verwenden. Goffins sogar auf einem Level, das vielen werkzeuggebrauchenden Primaten ähnelt.

Zweitens sind auch Primaten keineswegs frei von Prädispositionen, die Werkzeuginnovationen erleichtern. Bei Singvögeln wie Krähen und Finken soll der Nestbau als Prädisposition die Erfindung von Werkzeuggebrauch vereinfachen. Jedoch bauen nicht nur Vögel Nester, gerade die Großen Menschenaffen schaffen sich nicht etwa einmal pro Saison, sondern sogar fast jeden Abend in komplexem Webbau ein Nest zum Schlafen. Krähen sollen sich mit dem Werkzeuggebrauch leichter tun, weil sie eine Prädisposition zum Futterverstecken haben. Dafür aber haben Javaneraffen und Kapuzineraffen eine eindeutige Prädisposition, Objekte mit beiden Armen auf den Boden zu schmettern. Dieses Verhalten, das verlässlich an einem bestimmten Punkt in ihrer Entwicklung erscheint, dient dazu, verschiedenste Essbarkeiten, wie Muscheln oder Nüsse, aus einer Schale herauszubekommen: Daher ist es nicht verwunderlich, dass bei ihnen die am weitesten verbreitete Werkzeugverwendung der Gebrauch von Steinen als Hammer ist, die sie mit beiden Armen auf eine Nuss oder Muschel schmettern.

Drittens gibt es sogar angeborenen Werkzeuggebrauch bei zumindest einem Primaten. Wenn wir die Primatenart sehen wollen, die wahrscheinlich die stärkste genetisch verfestigte Veranlagung für Werkzeuggebrauch im gesamten Tierreich hat, müssen wir uns nur vor einen Spiegel stellen: Unsere Kinder beginnen schon mit sechs Monaten, Objekte zu schmettern und werden im Alter zwischen zwei und drei ziemlich präzise darin.

Unser Körper ist extrem auf diesen Anwendungsfall von Werkzeugen, die unsere Vorfahren bereits vor über zwei Millionen Jahren besaßen, angepasst – denken Sie nur an unsere Hände. Die Länge unseres Daumens im Vergleich zu den anderen Fingern, unsere Daumenmuskeln und die Anordnung der Finger, die Drehungsmöglichkeit unserer Handgelenke: All das sind Anpassungen an die Verwendung von Steinwerkzeugen und Stöcken. Weil etwas angeboren ist, heißt es natürlich nicht, dass es deswegen nicht flexibel ist, wir sind natürlich trotzdem extrem erfinderisch mit Werkzeugen.

Das eine (angeborene, „stereotype“ Fähigkeiten) schließt also das andere (flexibel-intelligente Anwendung) nicht aus. Im Gegenteil, wie ich später noch erklären werde, bin ich stark dafür, die beiden Eigenschaften in einem gemeinsamen Spektrum zu sehen, in dem sie gleichzeitig in einer Art oder bei einem Individuum auftreten können.

Entlang der etablierten Hypothesen habe ich Ihnen jetzt bisher eher davon erzählt, warum Werkzeuggebrauch entstanden ist. Lohnend wäre es in meinen Augen aber auch, darüber nachzudenken, wie er entstanden ist. Das beschäftigt mich schon lange und ich habe zusammen mit der PhD-Studentin Jennifer Colbourne nach vielen koffeingeschwängerten Diskussionen auch eine Theorie dazu.

Wir glauben, dass die Antwort auf die Frage im Spielverhalten von Tieren liegt, mit dem auch dieses Buch

Ein Goffin kombiniert im Spiel einen Ball mit einem Ring.

begann. Genauer gesagt, im Objektspiel. Spielverhalten war eines meiner ersten Interessen an tierischem Verhalten nach meiner Doktorarbeit. Daher habe ich 2014 ein vergleichendes Experiment durchgeführt: Ich habe viele Versionen einer Art Vogel-Spielplatz angelegt und diesen neun verschiedenen Papageien- sowie drei Krähenarten (Raben, Dohlen, Neukaledonische Krähen) vorgesetzt.

Der Spielplatz bestand aus einigen fixierten Elementen – festgeschraubte senkrechte und horizontale Röhren, Stäbe, Platten – und vielen beweglichen Spielzeugen – Bälle, Stöcke, Ringe, Würfel, alles Holzspielzeuge in verschiedenen Farben und Größen. Die Tiere hatten die Möglichkeit, Dinge zu stapeln, ineinanderzustecken und mit den Elementen des Spielplatzes zu verbinden. Futter

Ein Goffin rollt sich im Kombinierspiel auf den Rücken.

als „Belohnung“ gab es in diesem Versuch keines, es ging demnach für die Tiere nur um das Spiel, ohne dabei ein direktes Ziel zu verfolgen. Die Fragen waren: Kombinieren sie die Objekte mit den „Einrichtungsgegenständen“ des Spielplatzes? Kombinieren sie die beweglichen Spielzeuge miteinander? Und haben sie dabei bestimmte Vorlieben?

Verschiedene Beobachtungen stachen heraus: Den Raben merkte man ihre ökologische Neigung an, die sich stark ums Futterverstecken drehte. Sie steckten Objekte unter die Platten oder vergruben sie im Substrat ihrer Voliere. Dabei beäugten sie einander stets kritisch – das Gegenüber könnte schließlich den versteckten Schatz später stibitzen. Vor allem die Neukaledonier waren hauptsächlich am Hineinstecken interessiert, sie stocherten mit den Objekten hauptsächlich in Öffnungen der Rohre an den fixierten Elementen, und das viel häufiger als alle anderen Tiere in jenem Experiment. Auch bei ihnen könnte dieses Spiel ihre ökologische Veranlagung widerspiegeln, Stockwerkzeuge zu verwenden.

Keas und Palmkakadus hingegen kombinierten verschiedenste Objekte miteinander, warfen sie etwa auch in die Luft. Die Goffins waren ebenfalls eifrig am Kom-

Eine Neukaledonische Krähe versucht, einen Würfel in ein Rohr zu stecken.

binieren, aber vor allem Festes mit Beweglichem: Auch sie beschäftigten sich damit, kleine Dinge irgendwo hinein- oder draufzustecken, etwa Ringe auf die montierten Stangen, sie stapelten aber auch Objekte übereinander. Sie waren vielfältig in ihren Anwendungen, die Krähen hingegen recht spezialisiert.

Schon Mitte der 1980er-Jahre hatte der japanische Forscher Takashi Torigoe insgesamt 74 Primatenarten in Bezug auf ihr Objektspiel getestet. Torigoe fand heraus: Unter den Primaten sind die Großen Menschenaffen und Kapuzineraffen – Primatenarten, die im Freiland Werkzeuge verwenden – die fortgeschrittensten „Objektkombinierer". Torigoe schloss daraus, dass kombinierendes Objektspiel Ähnlichkeiten mit Werkzeuggebrauch aufwies.

DIE „GEHEIME ZUTAT"

Wie zu Beginn dieses Kapitels erwähnt, gab uns Josep Call vor etwa zehn Jahren einen Rezeptvorschlag für Werkzeuggebrauch. Da dieses Rezept aber auch auf andere Arten von technischem Problemlösen zutrifft, bräuchte es noch eine ergänzende Zutat, die dem Ganzen seine besondere Note verleiht.

Jennifer und ich vertreten demnach derzeit die These, dass ein inhärenter, den Tieren also innewohnender Drang, Objekte miteinander zu kombinieren, diese Zutat darstellen dürfte. Das spielerische Kombinieren von Objekten ist im Tierreich an sich selten. Aber es ist ein starker Bestandteil der Entwicklung von Tieren, die entweder – wie einige Krähenarten und Keas – die Kapazität haben, Werkzeuggebrauch zu erfinden, oder Werkzeuge schon regelmäßig im Freiland nutzen, wie Neukaledonische Krähen, Goffins, Palmkakadus, Kapuzineraffen, Paviane, Orang-Utans, Bonobos, Javaneraffen, Schimpansen und natürlich unsere eigenen Kinder.

Beim Kombinierspiel werden interessante Kombinationen meistens einige Male wiederholt. Diese Handlungswiederholungen nennt der Schweizer Entwicklungspsychologe Jean Piaget „Zirkulärreaktionen". Sie stellen eine Art spielerisches Austesten der Umwelt dar. Wenn Objekte im Spiel kombiniert werden, liegt es nahe, dass dies auch später beim aktiven Erkunden der Umwelt passiert, zum Beispiel wenn man eine tolle neue Futterquelle gefunden hat, man an diese aber irgendwie nicht herankommt. So konnten Mark und Berenika auf Tanimbar regelmäßig beobachten, dass Kakadus Stöcke und Blätter mit Fruchtsteinen, an denen sie gerade nagten, kombinierten. Und Theresa beobachtete viele Male, wie die Kakadus in Singapur zerkautes Gras in Seemandeln stopften, an denen sie gerade arbeiteten. Solche Kombinationen können somit leicht zu Werkzeuginnovationen führen. Wer nie kombiniert, wird auch nie Werkzeuggebrauch entdecken, zumindest nicht den echten.

Auch die Ökologie kann die Art von Objektkombination beeinflussen. Zum Beispiel zeigten Raben in meiner Studie ja hauptsächlich Spielkombinationen, die ihrem Futterverstecken ähnelten, während Goffins innerhalb ihrer Objektkombinationen extrem variierten.

Jennifer und ich glauben, dies liegt daran, dass Kombinierdrang, grob gesagt, unterschiedliche Ursprünge haben kann: Bei spezialisierten Tieren gibt es ökologische Verhaltensmuster, welche in bestimmten Vorlieben im Kombinierverhalten ihren Ausdruck finden. Je spezialisierter das Kombinierverhalten, desto enger dürfte auch der Werkzeuggebrauch ausfallen. Zudem vermuten wir, dass bei opportunistischeren Tieren das Kombinierspiel weniger stereotyp ist und somit stärker variiert. Dadurch sind auch variablere Formen von Werkzeugerfindungen möglich.

Ein extremes Beispiel für einen stereotypen Werkzeuggebrauch bietet die Grabwespe, die immer nur Steine in ihre Erdaushöhlung drückt, mit nur einer Art von Kombination lassen sich nicht viele unterschiedliche Arten von Werkzeuggebrauch erfinden. Krähen, die aufgrund ihres Futterversteckens Dinge vorzugsweise in Löcher stecken, kommen auf einer Insel, auf der es keine Spechte gibt, vielleicht irgendwann auf einfachen Werkzeuggebrauch, um Käferlarven mit Stöcken aus Löchern zu fischen – dank ihrer kognitiven Fähigkeiten lässt sich ihr Werkzeugrepertoire aber erweitern.

Opportunistische „Futterextrahierer" wie die Schimpansen sind dagegen weniger spezialisiert auf eine bestimmte Art von Kombination. Wenn sie mit Objekten spielen, probieren sie alle möglichen Dinge aus – was dafür spricht, dass sie in unterschiedlichen Habitaten in unterschiedlichen Regionen verschiedenste Kombinationen entwickeln. Daher finden wir die für diese Tiere typischen Werkzeugkulturen, die je nach Lebensraum variieren, in unterschiedlichen Regionen vor.

Wichtig dabei ist aber, dies nicht schon wieder nur schwarz und weiß zu sehen, sondern immer die Grauzone mitzudenken. Wir meinen, dass der bisherige Wissensstand keine klare Teilung von flexiblem und stereotypem Werkzeuggebrauch zulässt. Auch Werkzeuggebrauch, der aus einer Spezialisierung herrührt, die wiederum ein bestimmtes Kombinierverhalten fördert, kann durch kognitive Fähigkeiten oder das soziale Umfeld eines Tieres beeinflusst werden – und sich wesentlich flexibler ausdrücken.

Wie erwähnt, haben Kapuzineraffen eine Spezialisierung fürs Essenschmettern, was zur Folge hat, dass bei ihnen die meisten (bisher bekannten) Werkzeugerfindungen Hammerwerkzeuge sind. Sie können aber im Einzelfall auch Stocherwerkzeuge erfinden, für die sie keine Prädisposition haben. Wir glauben demnach, dass das, was alle Werkzeuggebraucher gemeinsam haben, die Motivation ist, Objekte miteinander zu kombinieren. Jedoch basiert der Anfang von Werkzeuggebrauch auf einem reichen Spektrum kombinatorischer Variation.

Nachdem wir uns intensiv mit dem Gebrauch, dem (Er-)Finden und der Anfertigung von Werkzeugen beschäftigt haben, ist es nun an der Zeit, dass wir uns eine grundsätzliche Frage stellen: Warum machen wir das eigentlich? Was soll das Ganze? Dieser Frage (und anderen) widmen wir uns im nächsten, dem letzten Kapitel.

LACHEN UND NACHDENKEN

Haben Sie schon einmal von dem „Ig-Nobelpreis" gehört? Im Englischen verweist schon der Name auf den satirischen Charakter dieser Auszeichnung, heißt „ignoble" doch unwürdig oder gar schmachvoll. Dennoch handelt es sich durchaus um einen ernstzunehmenden Preis, der seit 1991 an zwei der renommiertesten Hochschulen der USA, der Harvard University und dem Massachusetts Institute of Technology (MIT) verliehen wird, und zwar für Forschungsarbeiten, die erst zum Lachen, auf den zweiten Blick aber sehr wohl auch zum Nachdenken anregen. Dass der Ig-Nobel mehr als Klamauk ist, dafür ist der Physiker Andre Geim lebender Beweis: Er war im Jahr 2000 Ig-Preisträger und erhielt zehn Jahre später den „echten" Nobelpreis.

Gelegentlich kamen prämierte Arbeiten aus meinem Feld, der Vergleichenden Kognitionsforschung. Im Jahr 2012 wurde eine Studie ausgezeichnet, in der Schimpansen getestet wurden, ob sie, tja, die Hinterteile anderer Schimpansen den dazugehörigen Gesichtern zuordnen können (die ihnen neben fremden Schimpansengesichtern auf einem Bildschirm präsentiert wurden). In weiterer Folge stellten sich die Forschenden die Frage, ob die Tiere auch korrekte Geschlechtszuordnungen anhand der Popos machen konnten. Die Antwort: ja, aber nur für ihnen bekannte Individuen.

Die Studie stammte von Frans de Waal und Jennifer Pokorny. De Waal war einer der bekanntesten und unverblümtesten Primatologen unserer Zeit, leider ist er erst kürzlich, im März 2024, verstorben. Seinem Anliegen, Forschungserkenntnisse über die Natur von Primaten einem breiten Publikum zugänglich zu machen, kam der Ig-Preis gerade recht, und das „Popo-Paper" löste viel Gelächter aus.

Das kommt mir durchaus bekannt vor. Wenn ich in einer sozialen Situation, etwa auf einer Party, gefragt werde, was ich beruflich mache, stößt meine Antwort zumeist auf Interesse und es entwickelt sich eine lebendige Unterhaltung. In manchen Fällen ernte ich aber auch ein Schmunzeln: „Was, du forschst, wie Tiere Werkzeuge machen?!“ Meistens unmittelbar gefolgt von eher geringschätzigen Fragen wie: „Wozu soll das bitte gut sein?“, oder: „Was bringt das denn?“ Manche Menschen betrachten die Kognitionsforschung als etwas ausgesprochen Exotisches, unterstellen uns, wir machten uns einen Jux und verschwendeten Geld, wenn wir etwa das Spielverhalten unterschiedlicher Papageien- und Krähenvögel vergleichen.

Doch wenn man sich an die Kriterien des Ig-Nobelpreises hält und sich nach dem Gelächter Zeit zum Nachdenken nimmt, dann können wir auch aus Studien wie jenen von de Waal und Pokorny etwas lernen. In diesem Fall zum Beispiel, dass wir Tiere nicht an uns selbst messen dürfen, sondern dass diese die Welt oft völlig anders wahrnehmen als wir, das gilt selbst für unsere nächsten Verwandten. Wenn wir lernen, Tiere besser zu verstehen, bringt uns das ihnen näher. Auf die Popos der Schimpansen bezogen bedeutet das: Diese Tiere laufen oft lange Strecken auf allen Vieren hintereinander. Dabei ist es ausgesprochen wichtig zu wissen, wer gerade vor einem geht. Zudem paaren sich Schimpansen von hinten, nicht von vorne wie wir, daher sind die Hinterteile um einiges relevanter als bei uns.

Forschung, wie Frans de Waal sie betrieb und wie auch ich/wir sie betreibe/n, ist in erster Linie Grundlagenforschung. Sie unterscheidet sich wesentlich von der meist zweckgerichteten „angewandten Forschung“. Angewandte Forschung ist lösungsorientiert: Es geht zum Beispiel darum, eine bestimmte Maschine zu erfinden und zu konstruieren oder einen Impfstoff zu entwickeln. Grundlagenforschung dagegen ist erkenntnisorientiert, man will generelles Wissen zu einem bestimmten Thema erlangen. Die treibende Kraft hinter der Grundlagenforschung ist daher nicht eine akute Notwendigkeit oder gar ein Streben nach materiellem Profit, sondern vielmehr die Neugier, wie unsere Welt funktioniert. Ihr Gewinn ist somit, das allgemeine Wissen der Menschheit zu erweitern.

Das ist notwendig, denn die angewandte Forschung ist durch ihre Geradlinigkeit stark eingeschränkt. Sie selbst wäre ohne die Grundlagenforschung oft gar nicht möglich: Angewandte Forschung greift meist auf Wissen zurück, das mittels Grundlagenforschung gewonnen wurde. In dieser darf man demnach nach neuen Erkenntnissen suchen, ohne dabei unmittelbar an eine praktische Anwendung zu denken. Ohne Profitdruck lassen sich Ideen frei entwickeln. Dabei wird auch ein ergiebiges Beet für die Entwicklung großer Entdeckungen und Erfindungen angelegt.

Grundlagenforschung trägt nicht umsonst diesen Namen, weil sie die Grundlage aller ganz großen Erkenntnisse darstellt. Ihre Anwendungen sind oft gar nicht, nicht unmittelbar oder noch nicht erkennbar, dennoch beruhen fast alle menschlichen Erfindungen oder Technologien, mit denen wir Neuland betraten, auf Grundlagenforschung – ob es sich nun um Radioaktivität, Elektrizität, Computertechnologie oder Insulin handelt. Oder zuletzt etwa um die Genschere CRISPR-Cas, für die die Mikrobiologinnen Emmanuelle Charpentier und Jennifer Doudna 2020 den Chemie-Nobelpreis erhielten.

Die beiden Forscherinnen hatten jahrelang Grundlagenforschung an Bakterien betrieben und dabei die CRISPR-Cas-Methode entwickelt. Die von Charpentier und Doudna beobachteten Bakterien verwendeten die Methode zur Immunabwehr: Sie machten damit Viren unschädlich. In der heutigen Anwendung dient die Genschere CRISPR-Cas dazu, DNA-Stränge an bestimmten Stellen zu durchschneiden. So kann das Erbgut praktisch jedes Lebewesens verändert werden. Damit ist sie ein unglaubliches Werkzeug für unsere Gegenwart und Zukunft, mit ihr lassen sich Krankheiten therapieren, resistente Pflanzenarten züchten und vieles mehr.

Mit der Grundlagenforschung schaffen wir eine Wissensbasis über die Welt, für die wir oft die verschiedenen Erkenntnisse mehrerer Forschender verbinden. Natürlich sollte Grundlagenforschung nur nach bestem Wissen und Gewissen durchgeführt werden. Die Erkenntnisgewinnung zur Intelligenz der Tiere ist zwar eine wichtige Art der Grundlagenforschung, birgt aber auch Verantwortung: In menschlicher Obhut brauchen intelligente Tiere selbstverständlich außerordentlich viel Platz, Beschäftigung, eine abwechslungsreiche, artgerechte Umgebung und aufwendige Pflege. Dies muss gegeben sein. Auch bei der Arbeit im Freiland sollte stark darauf geachtet werden, dass die Anwesenheit der Forschenden die Entwicklung der Tiere in ihrem natürlichen Lebensraum nicht hemmt oder sogar gefährdet.

WANN IST WISSEN RELEVANT?

Aktuell wird innerhalb der Vergleichenden Kognitionsforschung immer wieder darüber debattiert, welche Art von Versuchen oder Studien wir durchführen sollten. Einige Stimmen fordern, dass die Kognitionsbiologie ihre Forschung auf „ökologisch relevante" Themen beschränken sollte, nämlich solche, die direkt relevant für das sind, was wir über das natürliche Verhalten der Tiere wissen oder wissen sollen. Oder Themen, die etwas mit ihrem natürlichen Lebensraum zu tun haben. Zum Bespiel dürfte man nach dieser Argumentation zwar testen, inwieweit ein Schimpanse versteht, welchen Effekt ein Werkzeug auf einen Termitenbau hat, aber nicht, inwieweit er arithmetische Regeln lernen kann.

Die dahinterstehende Argumentation lautet, dass Experimente in der Kognitionsforschung oft von menschlichen Fähigkeiten inspiriert sind und daher für die Tiere keinen ökologischen Kontext haben, also keinen Bezug zu ihrer Lebensrealität. Dieses Thema wurde in unserer Forschungsgruppe erst kürzlich wieder von meinem vormaligen Doktorvater Ludwig Huber auf den Tisch gebracht und kritisch diskutiert.

Natürlich sind ökologisch relevante Experimente aus vielen Gründen sinnvoll und wichtig: Wenn wir Tiere in einem ökologisch sinnvolleren Kontext testen, können wir zum Beispiel bestimmte Typ-II-Fehler, das Ausschließen eigentlich vorhandener Fähigkeiten (siehe Kapitel 4), vermeiden. Zum Beispiel schneiden Schimpansen in Trap-Tube-Aufgaben (Kapitel 4) besser ab, wenn sie Futter mit einem Stockwerkzeug zu sich heranziehen können, als wenn sie es von sich wegschieben müssen, damit es auf der anderen Seite einer Röhre wieder herausfällt. Das macht in natürlichen Situationen Sinn, zum Beispiel, wenn man als Schimpanse gerade mit einem Termitenhügel oder einem Bienennest beschäftigt ist.

Auch erlauben solche Experimente es uns, Prozesse zu untersuchen, die direkt mit dem Überlebenskampf einer Spezies zusammenhängen. Dies wiederum ermöglicht ein besseres Verständnis der kognitiven Prozesse, die aufgrund der Anpassung eines Tieres an seine Umwelt entstanden sind.

Huber gibt dabei zu bedenken, dass sich diese Prozesse innerhalb von Zehntausenden von Jahren oder länger geformt haben. Die Umweltbedingungen, die tatsächlich die Entwicklung eines kognitiven Prozesses angekurbelt haben, lassen sich nicht immer zu hundert Prozent nachvollziehen.

Auch wenn diese ökologisch relevante Forschung bedeutend ist, darf sie andere Ebenen der Kognitionsforschung nicht einschränken oder unterbinden. Regeln, die besagen, welche Art von Forschung durchgeführt werden darf und welche nicht, würden der Grundlagenforschung Ketten anlegen. Das würde wiederum unsere Erkenntnisgewinnung stark einschränken. Es ist nämlich so: Gerade mit Studien, die ökologisch eigentlich irrelevant sind, können wir das Potenzial tierischer Kognition bis an seine Grenzen austesten.

Wenn ein Insektenforscher nicht zeigen darf, dass Hummeln kognitive Probleme innovativ lösen können – Probleme, deren Lösung man bisher nur Primaten zugetraut hatte –, würden wir uns heute viel weniger dafür interessieren, wie so ein Minihirn eigentlich funktioniert. Zudem erlauben ökologisch irrelevante Versuche uns, tierischen Erfindergeist besser zu verstehen, weil wir lernen, wie Tiere generalisieren, also verallgemeinern, und sich flexibel an neue Situationen anpassen. Gerade in einer Zeit des menschengemachten Wandels ist es wichtig, derartige Fähigkeiten besser zu studieren. Zwar gehen wir Menschen dabei natürlich immer und zwangsläufig von unserer eigenen Intelligenz aus. Wichtig ist jedoch, dass wir uns diesem „Bias", dieser Voreingenommenheit bewusst sind, gerade wenn wir die Fähigkeiten von Tieren beurteilen.

Auch wir sind am Ende auch nur biologische Wesen mit einem beschränkten Set kognitiver Fähigkeiten, selbst wenn viele davon stark ausgebildet sind. Wenn wir die Fertigkeiten von Tieren erforschen wollen, können wir daher nur aus dem Pool der kognitiven Fähigkeiten schöpfen, über die wir selbst auch verfügen. Dabei gehen wir oft davon aus, dass es gar keine anderen kognitiven Fähigkeiten als die, die wir selbst besitzen, gibt. Das ist ziemlich sicher falsch. Es ist eigentlich anzunehmen, dass in den Köpfen mancher Tiere – besonders derjenigen, die nur entfernt mit uns verwandt sind und dennoch hochentwickelte Gehirne haben – kognitive Prozesse ablaufen, von denen wir gar nichts wissen, da wir sie nicht teilen. Oder bestimmte Fähigkeiten sind bei ihnen womöglich besser entwickelt als bei uns. Hier wiederum kann uns jedoch sowohl ökologisch relevante als auch irrelevante Forschung Türen öffnen:

Ökologisch vermeintlich irrelevante Forschung kann uns helfen, kognitive Fähigkeiten spontan zu entdecken und von diesen neuen Ausgangspunkten Theorien zu deren Entstehung zu entwickeln, die wir sonst möglicherweise nicht bedacht hätten. Ein Beispiel ist eine Studie des japanischen Forschers Tetsuro Matsuzawa von der Universität Kyoto. Auch hier werden die Tiere in einer großen zooähnlichen Anlage gehalten, in der sich unter anderem 500 natürliche Bäume befinden. Matsuzawa stellte Schimpansen und Studierenden dieselbe Aufgabe. Die arabischen Ziffern eins bis neun erschienen zufällig an verschiedenen Stellen auf einem Bildschirm. Die Probanden mussten sie in der richtigen Reihenfolge auf einer Tastatur drücken, um eine Belohnung zu erhalten. Jedes Mal erschienen die Zahlen an anderer Stelle auf dem Bildschirm. Im eigentlichen Test schienen die Zahlen nur kurz auf und wurden dann durch weiße Vierecke verdeckt.

Und siehe da: Besonders junge Schimpansen haben scheinbar das, was man als ein echtes fotografisches Kurzzeitgedächtnis bezeichnen könnte. Sie waren nicht nur um einiges schneller, sondern auch wesentlich genauer als erwachsene menschliche Versuchspersonen. Zwar kam zu dieser Studie auch Kritik aus Fachkreisen, die Schimpansen wären für die Aufgabe besser trainiert gewesen. Dennoch denke ich, es ist bemerkenswert, dass die Schimpansen in diesem und auch in anderen Gedächtnistests so gut abschneiden. Wozu diese Fähigkeiten benötigt werden, lässt sich diskutieren, aber in ihrer bewaldeten Heimat müssen sie oft schnell Entscheidungen treffen, zum Beispiel wenn sie zwischen Ästen navigieren. Hier kann ein gutes Arbeitsgedächtnis nützlich sein.

Matsuzawas Forschung zeigt, dass unsere nächsten Verwandten möglicherweise einige Menschen in einer räumlichen Erinnerungsaufgabe schlagen können. Wenn wir auf dem phylogenetischen, also stammesgeschichtlichen Baum aber noch ein bisschen weiter klettern, finden wir bald Tiere, gegen die wir in ähnlichen Aufgaben keine Chance mehr hätten. Hier wiederum können ökologisch relevante Ansätze helfen, Tiere mit Anpassungen zu identifizieren, die herausragende kognitive Fähigkeiten erzeugen. Aufgrund ihrer Anpassung ans Futterverstecken werden Krähenvögel in der Forschung oft in räumlichen Erinnerungsaufgaben getestet. Dadurch wissen wir, dass zum Beispiel der Kiefernhäher im Herbst Zehntausende von Pinienkernen versteckt und sie bis zu neun Monate später zuverlässig wiederfindet, selbst wenn sich die Vegetation völlig verändert hat oder von Schnee bedeckt ist.

Ich muss allerdings auch sagen: Im Unterschied zum Partygast, der sich über meinen Beruf amüsiert, gibt es eine Vielzahl an Menschen, die sich brennend für das, was wir tun, interessieren. Wir erleben nach der Veröffentlichung einer Studie immer wieder, dass viele Menschen geradezu einen Wissenshunger nach alldem zu haben scheinen, was Tiere können und wie sie denken. Das Phänomen mag von kulturell unterschiedlich genormten Mensch-Tier-Beziehungen abhängig sein, aber vielleicht ist es auch ein international zunehmender Trend. Wir haben regelmäßig Anfragen nicht nur von der Presse, sondern auch von Menschen, die einfach qualifizierte Antworten auf ihre Fragen haben wollen. Das stimmt mich zuversichtlich, für die Tiere und auch für die Grundlagenforschung.

ROBOTER UND KAKADUS

Die Vergleichende Kognitionsforschung beantwortet fundamentale Fragen der Menschheit, sie sucht etwa ganz empirisch – also auf Fakten beruhend – nach Antworten darauf, ob unsere Einzigartigkeit als Spezies Mensch vorhanden ist. Wo liegen die Unterschiede und Gemeinsamkeiten zwischen verschiedenen Tieren? Wie entsteht Intelligenz? Wozu gibt es Erfindergeist und wie entsteht dieser?

Einige Antworten konnte dieses Buch hoffentlich liefern, etwa die, dass Intelligenz in der Biologie nicht nur anhand eines Quotienten gemessen werden kann. Intelligenz ist in unserer Disziplin die Flexibilität des Geistes, im Laufe der Evolution durch Herausforderungen der Umwelt entstanden. Gehirngröße ist dabei nicht alles; und auch Tiere mit einer völlig anderen Gehirnstruktur als der unseren oder einem ganz anderen Wahrnehmungsapparat können intelligentes Verhalten zeigen. Oft tun sie das eben nur anders als wir.

Innovationen entstehen nicht durch Zauberhand. Wie wichtig das Spielen mit Objekten und das zweckfreie Explorieren für das Erfinden von Werkzeugen ist, zeigen mir die Kakadus jeden Tag. Für mich selbst ist die Möglichkeit, Grundlagenforschung zu betreiben, auch eine solche Form freien Explorierens.

Zum Abschluss möchte ich Ihnen noch von einigen Anwendungsgebieten der Vergleichenden Kognitionsforschung erzählen. In unserem Fach kundig zu sein kann nämlich schon allein dabei helfen, die Ursprünge von Technologie zu verstehen. Und weiß man, wie Tiere im Vergleich zu den Menschen lernen, lässt sich dieses Wissen in zahlreichen Feldern einbringen, etwa auch im Machine-Learning oder in Bildungswissenschaften und Entwicklungspsychologie. Denken Sie zum Beispiel an die Alters- bzw. Innovationsblockade bei jüngeren Kindern eines gewissen Alters (siehe Kapitel 6 und 7) – die Kenntnis davon kann helfen, Lernstrategien zu entwickeln oder zu verbessern.

In verschiedensten Disziplinen wird heute Bionik, auch Biomimetik, betrieben: Wir ahmen in Medizin, Werkstoffwissenschaften oder Architektur die Natur oder ihre biologischen Prozesse nach. Das Pekinger Nationalstadion ist eine der größten Stahlkonstruktionen der Welt und ähnelt einem „Vogelnest". Für manche der von ihm entworfenen Bauten orientierte sich der burkinisch-deutsche Architekt Diébédo Francis Kéré an Termitenhügeln. So ahmte er für das Gebäude eines Bildungsprojekts in Kenia das Belüftungssystem der Insekten nach: Die warme Luft steigt in schmale turmartige Dacherhebungen auf, um die Arbeitsräume zu kühlen.

Bei der Weiterentwicklung der Künstlichen Intelligenz greift man auch auf Erkenntnisse aus der Kognitionswissenschaft, die durch Experimente mit Tieren gewonnen wurden, zurück, etwa bei dem Versuch, gesunden Menschenverstand in KI-Anwendungen zu implementieren. Manche auf diesem Gebiet Forschende lehnen sich dazu in unsere Richtung oder adaptieren Tests aus unserem Fach, um die kognitiven Fähigkeiten einer KI zu testen. Auch maschinelles Lernen kann durch Kognitionsbiologie bereichert werden. Zum Beispiel werden unsere Versuche mit der in Kapitel 3 vorgestellten Lockbox – viele verschiedene Schlösser müssen geöffnet werden, um an die Belohnung zu gelangen – derzeit auch an Robotern getestet.

In einem Projekt des Exzellenzclusters Science of Intelligence (SCIoI) mit dem schönen Namen „Parrobots", ein Kofferwort aus den englischen Wörtern für Papagei und Roboter, parrot und robot, arbeiten wir dafür mit den Berliner Robotikern Oliver Brock und Manuel Baum sowie mit dem Verhaltensökologen Alex Kacelnik aus Oxford zusammen. Die Robotiker analysieren das Verhalten der Vögel an Aufgaben, bei denen die Tiere Schlösser öffnen, um an eine Belohnung zu kommen. Danach diskutieren sie ihre Ergebnisse mit uns. Wir versuchen gemeinsam, Informationen auszusieben, die den Robotern helfen können, ähnliche Probleme allein zu lösen.

Die Thesen, die wir dabei aufstellen, werden in Formeln umgeschrieben, die an der Roboterplattform eingespielt und ausgetestet werden können. Dabei wird ihre Vorhersagekraft für neue Schlösseraufgaben getestet, die wir sowohl den Vögeln als auch künstlichen Agenten vorsetzen wollen.. So lässt sich nicht nur das Verhalten der Kakadus besser verstehen, sondern lassen sich in Zukunft möglicherweise auch die Roboter verbessern.

SIND WIR SCHLAU GENUG?

Wenn wir Tiere besser verstehen, wenn wir wissen, was ihre Neugier antreibt oder wie sie die Welt wahrnehmen, dann sollte sich das darauf auswirken, wie wir sie behandeln. Für Menschen, welche die Lebensbedingungen für Tiere aus ethischen Gründen verbessern wollen, ist dieses Wissen höchst relevant. Es kann Grundlage sein für Argumente zur Durchsetzung besserer Haltungs- oder Transportformen, besserer Trainingsbedingungen oder von mehr und herausforderndem Beschäftigungsmaterial.

Für Papageienvögel beispielsweise ist mittlerweile zumindest in Österreich mehr oder weniger anerkannt, dass sie „gescheit“ sind und entsprechend unter minimalistischen Haltungsbedingungen leiden. Deshalb gibt es hier vorgeschriebene, an die jeweilige Spezies angepasste Volierengrößen. Die Einzelhaltung ist generell verboten. Dennoch sieht man große Papageien in vielen Ländern immer wieder in Hotellobbys oder Restaurants in Käfigen krächzen, in der Regel allein. Einen großen Kakadu so unterzubringen ist in etwa so, als hielte man sich einen Orang-Utan zu Hause in der Gästetoilette. Bei Tieren, die wir noch nicht so gut verstehen, tendieren wir leider nach wie vor eher dazu, dass wir nichts dabei finden, sie als Dekorationsgegenstand anzusehen und entsprechend zu verwenden.

Unsere menschliche Voreingenommenheit für uns selbst, unser Anthropozentrismus ist kulturell bedingt und anerzogen: Bereits ab einem zarten Alter von fünf Jahren haben Kinder die allgemeine gesellschaftliche Auffassung übernommen, den Menschen stets in den Mittelpunkt zu stellen. Für jüngere Kinder ist die Grenze zwischen uns und anderen Tieren wesentlich verschwommener. In weiterer Folge können wir nur dann unseren anerzogenen Anthropozentrismus relativieren und entsprechend respektvoller handeln, wenn wir verstehen, wie Tiere denken, wie ihre Wahrnehmungswelt aussieht, wodurch ihre Handlungen motiviert sind – und das nur dann, wenn wir uns ernsthaft darum bemühen, uns so gut es geht in sie hineinzuversetzen und ihre Umwelt möglichst mit ihren Augen zu sehen. Das ist auch das ureigene Interesse des Messerli Forschungsinstituts, an dem ich unterrichte und arbeite: Als ethische Konsequenz unserer Arbeit hoffen wir, dass sie zur Verbesserung der Mensch-Tier-Beziehung beitragen kann.

Eines der lesenswerten populärwissenschaftlichen Bücher des zu Beginn dieses Kapitels erwähnten Frans de

Waal heißt „Sind wir schlau genug, um zu begreifen, wie schlau Tiere sind?“ („Are We Smart Enough to Know How Smart Animals Are?“, 2016, bisher leider nicht in deutscher Übersetzung vorliegend). Wir haben unsere Wahrnehmungswelt, und Tiere unterschiedlicher Arten haben ihre Wahrnehmungswelt. Dieselben Dinge haben für uns und Tiere ganz andere affordances. Dennoch können einige von ihnen auf ähnliche Erfindungen wie wir kommen – und wir können dadurch lernen, Tiere besser zu verstehen. Wenn wir lernen zu verstehen, wie reichhaltig Tiere in ihren Fähigkeiten sind, führt dieser Respekt womöglich zu Empathie – und im Teleobjektiv vielleicht eines Tages zu durchsetzbaren Ansprüchen auf Schutz und Lebensraum.

Bildnachweis:

Alice Auersperg: S. 16, 21, 43, 54, 56, 57, 60, 61, 83, 90 (2), 91, 108, 114, 120, 121, 146, 181, 182, 183. Alice Auersperg – Animal Behaviour: S. 17. Lukas Auersperg: S. 13. Rooobert Bayer: Autorenfoto Innenklappe hinten. Bene Croy: S. 79, 134. Barbara Klump/Max Planck Institut: S. 28. Barbara Klump/Max Planck Institut – Current Biology: S. 29. Mark O'Hara: S. 39, 40, 162. Berenika Mioduszewska: S. 93, 147. Thomas Suchanek: S. 20, 22, 150, 163. Heidelinde Wanas: S. 19. Alex Weir / Behavioural Ecology Research Group Oxford: S. 133. Patrick Wood: S. 110. Christina Zdenek: S. 175.

Liebe Leser:innen,

bleiben wir in Verbindung! Wir freuen uns auf Ihre Anregungen, Kritik und Wünsche.

leserbrief@brandstaetterverlag.com

Christian Brandstätter Verlag GmbH & Co KG
Wickenburggasse 26, 1080 Wien
Tel: +43 1 512154320

Viele weitere Leseinspirationen und Geschenkideen finden Sie unter

www.brandstaetterverlag.com

1. Auflage, 2025

ISBN: 978-3-7106-0858-2

Gestaltung, Illustrationen:
Luisa Franz Kleopatra Klobassa
Lektorat: Matthias Michel
Projektleitung: Judith E. Innerhofer

Papier: Salzer EOS 1,5-fach
(FSC®- und PEFC-zertifiziert)
Druck: Graspo Cz, Zlín (CZ)

Wir tragen Verantwortung
Aus diesem Grund haben wir uns auf den Weg gemacht, um unseren Einfluss auf das Klima und auf den Planeten zu minimieren. Anstelle von Kompensationszahlungen, und über die üblichen Umweltlabel hinausgehend, haben wir uns das Ziel gesteckt, den CO_2-Ausstoß auf allen Ebenen signifikant zu verringern – entlang der gesamten Wertschöpfungskette von der Idee bis zum Buch in Ihren Händen.

Mehr Informationen finden Sie unter
www.brandstaetterverlag.com/nachhaltigkeit

Bei Fragen zur Sicherheit unserer Produkte wenden Sie sich bitte an
verantwortung@brandstaetterverlag.com